一维纳米
电子技术

One Dimensional Nanoelectronic Technology

·························· 彭英才　王英龙　编著

化学工业出版社

·北京·

一维纳米电子技术是纳米科学技术中的重要分支，其在电子、光电子、数据存储、通信、生物、医学、能源、交通与国家安全等领域有重要应用价值，具有很好的发展前景。

　　本书全面、系统地介绍了各种纳米线的制备方法，纳米线的生长机制，纳米线的形貌特征与可控生长，纳米线的电子性质，以及纳米线场效应器件、纳米线场发射器件、纳米线传感器件、纳米线发光器件、纳米线光伏器件、纳米线太阳电池等最新应用技术、现状及其研究进展。

　　本书可供从事纳米科学技术领域研究与开发的科技工作者，以及纳米半导体技术、纳米光电子技术和光伏器件制作的科技工作者和技术人员参考，同时可作为高等学校相关专业教师、研究生和本科生的教学参考用书。

图书在版编目（CIP）数据

　　一维纳米电子技术/彭英才，王英龙编著．—北京：

化学工业出版社，2015.9

　　ISBN 978-7-122-24845-9

　　Ⅰ．①一… Ⅱ．①彭…②王… Ⅲ．①纳米材料-电

子材料-研究 Ⅳ．①TN04

　　中国版本图书馆 CIP 数据核字（2015）第 180100 号

责任编辑：朱　彤　　　　　　　　　　文字编辑：杨欣欣
责任校对：宋　玮　　　　　　　　　　装帧设计：刘丽华

出版发行：化学工业出版社（北京市东城区青年湖南街 13 号　邮政编码 100011）
印　　刷：北京永鑫印刷有限责任公司
装　　订：三河市宇新装订厂
710mm×1000mm　1/16　印张 12¾　字数 222 千字　2016 年 1 月北京第 1 版第 1 次印刷

购书咨询：010-64518888（传真：010-64519686）　售后服务：010-64518899
网　　址：http://www.cip.com.cn
凡购买本书，如有缺损质量问题，本社销售中心负责调换。

定　　价：68.00 元

发端于 20 世纪末的纳米科学技术，历经 20 年的蓬勃发展，已经取得了令世人瞩目的成就。如同 20 世纪 60 年代崛起的信息科学技术一样，纳米科学与技术不仅有力地促进了当代科学技术的迅速发展，而且正在深刻地改变着人们的社会生活面貌。毫无疑问，随着时间的不断推移，它对科技进步和社会变革所产生的深远影响将会进一步凸显出来。

我们知道，当材料体系的尺寸进入纳米量级以后，会呈现出许多相异于体材料的新颖电学、光学、化学、力学与磁学性质，这使得它们在电子、光电子、数据存储、通信、生物、医学、能源、交通与国家安全等领域具有潜在的重要价值。发展纳米科学技术的目的，就是通过对纳米尺度物质的操纵，获得具有各类物理与化学功能的材料、器件、装置与系统，并使其造福于人类。

纳米电子学或纳米电子技术是纳米科学技术的一个重要侧面，旨在研究各类纳米结构与材料的制备方法、物理与化学性质及其在各种纳米器件中的应用。这些器件主要包括以单电子器件、量子点器件、单光子器件等为主的低维量子器件。而一维纳米电子技术则是研究各类一维纳米材料与结构，如纳米线、纳米棒、纳米带、纳米管的制备生长及其在纳米电子器件与纳米光电子器件中应用。这些器件主要包括：纳米线场效应器件、纳米线场发射器件、纳米线传感器件、纳米线发光器件以及纳米线光伏器件等。

我国的纳米科学技术是与国际同步发展起来的。我国政府与科技界，从一开始就充分认识到发展纳米科学技术的重要性，相继启动了多项与纳米技术相关的重大研究计划，并取得了具有国际领先水平的原创性成果。但是，由了整体实力还较弱，因此在纳米电子技术研究方面与世界先进水平相比仍有较大差距。

为了提升我国在一维纳米电子技术方面的研究与发展水平，我们依据自己近年在这方面的一些研究成果，并参考了国内外最新文献编写了此书。全书共由10章组成：第1章简要介绍了纳米线的研究兴起、材料类型和器件应用；第2章主要介绍了基于金属催化的纳米线气相沉积生长和基于模板的纳米线溶液合成；第3章从动力学和热力学角度出发，分析并讨论了纳米线的生长与合成机制；第4章主要介绍了各类纳米线的形貌特征与可控生长；第5章主要介绍了Si、Ge、GaN、ZnO及TiO$_2$纳米线的电子性质；第6～10章分门别类地介绍了各种纳米线器件的工作原理与器件性能，如纳米线场效应器件、纳米线场发射器件、纳米线化学传感器、纳米线发光器件以及纳米线太阳电池等。

碳纳米管也是一类重要的一维纳米材料。鉴于它的制备方法与器件应用的研究已有专门书籍进行了具体介绍，本书将不再涉及与讨论。

由于时间紧迫，书中不妥之处在所难免，恳请同行、专家批评指正。

编著者
2015 年 5 月

目 录

第7章　纳米线场发射器件　　　97

第1章
绪　论

近十余年来，随着纳米科学技术的迅速发展，一门新的分支学科正在应运而生，这就是人们广泛关注的一维纳米电子技术。所谓一维纳米电子技术就是研究各种准一维纳米材料与结构的生长制备、物理与化学性质及其在新型电子输运器件和光电子器件中应用的学科。具体而言，它包括以下三个主要方面：一是各类准一维纳米材料，如纳米线、纳米带、纳米棒与纳米晶须的制备方法、生长机制与结构表征；二是各类纳米线材料所呈现出的新颖物理性质，如良好的力学性质、热力学性质、场发射性质、电子输运性质、气敏性质、光电性质以及磁学性质等；三是基于纳米线所具有的各种优异性质设计和制作场发射器件、场效应晶体管、化学传感器、发光二极管、激光二极管、光探测器以及光伏器件等。

为了使读者对一维纳米电子技术有一个更清晰的认识与理解，本章将概要地介绍纳米线的研究历史、材料类型及器件应用等相关内容。

1.1　纳米线的研究兴起

关于纳米线的早期研究，应追溯到 20 世纪 60 年代初。1964 年，Wagner 与 Ellis 首次采用气-液-固（VLS）反应机制，在单晶 Si（111）衬底上外延生长出 Si 单晶须状物，由此开创了 Si 纳米线研究的先河[1]。1971 年，Givargizov 和 Sheftal 共同实验研究了 VLS 生长纳米线的工艺过程，进而合理给出了纳米线的 VLS 生长机制[2]。可以说，VLS 制备方法的提出与生长机制的圆满解释，为后来纳米线研究的兴起奠定了重要技术基础。

20 世纪 90 年代伊始，一场纳米科学技术的风暴席卷全球。而在这场重大技术变革中，有两项具有划时代意义的工作与纳米线的研究密切相关：一是英国科学家Canham 于 1990 年首次采用电化学阳极氧化方法制备了丝状的纳米多孔 Si，在室温条件下观测到了它所呈现出的可见光发射现象，并基于二维量子限制效应成功解释了这种光致发光特性[3]；二是日本科学家 Iijima 在电弧放电法的阴极沉积物中发现了碳纳米管，随后又观测到具有层状结构的 BN、MoS_2 和 WS_2 等也同样可以形成纳米管[4]。恰逢此时，以扫描隧道显微镜（STM）、原子力显微镜（AFM）和高分辨率透射电子显微镜（HRTEM）等为代表的具有原子级检测水平的结构表征技术相继出现。应该说，纳米多孔 Si 的可见发光、碳纳米管的发现及纳米结构表征技术所取得的重大进展，极大地刺激了纳米线研究的兴起。

然而，真正给纳米线研究带来新鲜活力的则是 20 世纪末所发表的几篇具有里程碑意义的研究成果。1998 年，Morales[5]、Tang[6] 和 Yu[7] 三个研究小组，几乎同时各自独立采用激光烧蚀沉积（LAD）方法成功生长出了 Si 纳米线。2000 年，Holmes 等报道了利用溶液法生长无缺陷 Si 纳米线的研究结果，并实验观测到了基于二维量子限制效应的可见光致发光现象[8]。至此，关于纳米线制备与应用研究的序幕悄然拉开。

进入 21 世纪以来，纳米线的研究开始呈现出蓬勃发展的崭新局面，这是技术推动和需求牵引所导致的一个必然结果。在工艺技术层面，各类纳米线的生长方法不断涌现。其中，基于金属催化的激光烧蚀沉积、热化学气相沉积、真空蒸发沉积、热丝化学气相沉积以及基于模板的溶液生长和固相生长方法等，为各类纳米线的制备提供了强有力的技术支撑；在器件应用方面，单电子输运器件、蓝紫光发射器件、大容量信息存储器件、场发射器件、化学传感器以及高效率太阳电池的制作，又为纳米线的实际应用提供了广阔的发展空间。目前，关于纳米线的沉积生长与器件应用的研究蓬勃发展，并展现出良好的发展前景。

1.2 　纳米线的材料类型

纳米线种类繁多。按材料性质，纳米线可分为 Si 基纳米线、化合物纳米线、氧化物纳米线及金属纳米线等；按结构形态，纳米线可分为纳米棒、纳米带、纳米管及纳米晶须等；按生长形状，纳米线又可分为垂直排列型、弯曲交叉型、核-壳复合型及絮状缠绕型等。下面，我们将从材料性质的角度出发，对几种有代表性的纳米线进行简要介绍。

Si 基纳米线主要包括 Si 纳米线、Ge 纳米线及 SiC 纳米线。其中，Si 纳米线是目前研究的主攻方向。众所周知,Si 是一种最重要的半导体材料,已在各类微电子器件和集成电路中获得了广泛而成功的应用。与此同时,先于 Si 纳米线的 Si 纳米晶粒与量子点的自组织生长及其在纳米电子器件与光电子器件中应用的研究,业已取得了令世人瞩目的显著进展[9]。毫无疑问,由于 Si 纳米线具有明显的二维量子限制效应与良好的光学特性,其制备方法也已日渐成熟,自身又与 Si 微电子工艺有着很好的兼容性,预计在未来的一维纳米电子器件与光电子器件中具有诱人的应用前景。Ge 与 Si 一起被称为第一代半导体材料。与 Si 相比,Ge 具有更小的电子和空穴有效质量、更高的载流子迁移率与更低的介电常数,故可广泛应用于各类高速微电子器件。此外,由于 Ge 的禁带宽度比 Si 窄,室温下为 0.67eV,因而尤其适合于红外线探测器的制作[10]。SiC 是另一种重要的 Si 基半导体材料,它的宽带隙性质、高临界击穿电场、高热导率、高载流子饱和漂移速率等优异特性,使其在高频、高温、大功率、抗辐射条件下及蓝光发射器件中有着巨大的应用潜力。无疑,这为 SiC 纳米线的发展带来了无限生机[11]。

属于ⅢA-ⅤA族化合物半导体的 GaAs 纳米线、InAs 纳米线与 GaN 纳米线也是一维纳米结构与材料的重要研究方向。被称为第二代半导体的 GaAs,因其固有的直接带隙性质,使其在发光器件中占有不可动摇的主导地位。它所呈现的高载流子迁移率特点,使其无可争辩地成为高速逻辑器件的自然候选者。而它所具有的 1.42eV 禁带宽度,又使其在高效率太阳电池中具有潜在的应用价值[12]。InAs 是另一种ⅢA-ⅤA族化合物材料,它与 GaAs 一样具有直接带隙性质和高电子迁移率特点。而它所具有的窄禁带宽度和与 GaAs 具有约 6% 的晶格失配度这一特点,使其可以采用自组织方法制备 InAs/GaAs 量子点及其阵列结构,并在量子点激光器、量子点光探测器与量子点中间带太阳电池中获得了广泛应用[13]。GaN 是由ⅢA族的 Ga 与ⅤA族的 N 形成的化合物半导体,被称为第三代半导体。它所具有的直接带隙结构和宽带隙特征,使其在蓝光发射器件中占有得天独厚的优势,世界上首例蓝光发射二极管就是采用 GaN 制作成功的[14]。这使人们充分意识到,ⅢA-ⅤA族化合物和ⅢA族氮化物纳米线的研究,具有不可估量的发展潜力。

以 ZnO、SnO_2 和 TiO_2 为代表的氧化物半导体,各自具有独特的物理性质,由它们所沉积生长的纳米线也在一维纳米电子技术中占有重要的一席之地。ZnO 具有 3.37eV 的禁带宽度,它的直接带隙性质与高达 60meV 的激子束缚能,使其在蓝光和蓝紫光发光二极管、激光器与探测器等光电子器件方面备受青睐。此外,ZnO 还具有优异的场发射特性、良好的化学稳定性与敏感性,这使其在场发射器件与气敏传感器方面具有十分重要的应用[15]。毋庸置疑,ZnO 与 GaN 作为第三代半导体的优秀代表，其发展前途不可限量。标准的 SnO_2 为四方晶系的金红石结构，它具有 3.62eV 的禁带宽度，高达 130meV 的室温激子束缚能，$10^{-4}\Omega\cdot cm$ 的低电阻率和高达 97% 的透光率。这些独特的电学与光学性质，十分适合于透明导电玻璃、太阳电池、场发射器件、高温电子器件与化学传感器件的制作[16]。TiO_2 具有带隙宽、折射率高、介电常数大、韧性好、化学性能稳定和光催化活性优良等特点，已被广泛应用于光催化、电致变色、氧敏器件、太阳电池与精细陶瓷等众多领域，是当前国际上材料科学研究的热点之一。尤其是在染料敏化太阳电池方面，由纳米结构 TiO_2 作为其光阳极可使其光伏性能得到大幅度改善[17]。

1.3 纳米线的器件应用

如上所述，发展一维纳米电子技术的宗旨是基于一维纳米材料与结构所具有的优异电子输运性质与光学性质，可用于设计和制作各类高性能电子器件与光电子器件。这些器件主要包括场发射器件、场效应器件、传感器件、发光器件以及光伏器件等。这些器件将与先前发展起来的单电子器件、量子点器件与单光子器件等一起，为纳米电子学的发展增光添彩，使之更加熠熠生辉。

纳米场发射材料在真空微电子学和场发射显示领域中具有广阔的应用前景。纳米线与纳米管所特有的结构形状，使其呈现出优异的场发射特性，因此特别适合于场发射器件的制作。尤其是 Si 纳米线与 Si 纳米管的制备与 Si 工艺具有很好的兼容性，故采用它们制作场发射显示屏将比碳纳米管更具有优势，而且它能克服碳纳米管遇氧后会从半导体性向金属性转变的这种不稳定性，这对制作性价比高的场发射显示屏十分有利[18]。场效应晶体管是组成超大规模集成电路的基本单元，基于库仑阻塞效应的单电子器件在大容量信息存储中具有潜在应用。由于纳米线具有良好的电子输运性质，因此利用掺杂纳米线可以制作性能优异的场效应晶体管。利用纳米线在一定温度下呈现的库仑阻塞原理可以制作单电子晶体管，从而为纳米电子器件的高集成和超小型化开辟了一条新思路[19]。此外，由于纳米线具有很大的比表面积，会呈现出高的表面活性，故可应用于传感器的制作，由此可以对化学、生物和医学领域的多种物质进行高灵敏度、高选择性和高可靠性的检测。

纳米线是一种具有二维量子限制效应的低维纳米结构材料，它所具有的强量子限制效应和带隙宽化现象，使其在高性能发光器件和高灵敏光探测器件中有着巨大的潜在应用。尤其是像 GaN 与 ZnO 这类宽带隙材料具有较大的激子束缚能，因而更适合于蓝光和紫光发射器件的制作。例如，人们已采用 GaN 和 ZnO 纳米线制作了高效率的蓝色发光二极管和低阈值电流密度的激光器[20-21]。随着现代光伏技术的迅速发展，尤其是新概念太阳电池研究的兴起，纳米线与纳米管在新一代高效太阳电池中的应用研究也日益引起人们的浓厚兴趣，这是因为纳米线具有强光吸收特性、低反射率特性和良好的载流子输运与收集特性，这对改善太阳电池的光伏性能极为有利。目前，关于这方面的研究已成为新概念太阳电池中的一个重要发展方向[22]。

参考文献

[1] Wagner R S, Ellis W C. Vapor-Liquid-Solid Mechanism of Single Crystal Growth. Appl Phys Lett, 1964, 4: 89.

[2] Givargizov E I, Sheftal N N. Morphology of Silicon Whiskers Grown by the VLS-Technique. J Cryst Growth, 1971, 9: 326.

[3] Canham L T. Silicon Quantum Wire Array Fabrication by Electrochemical and Chemical Dissolution of Wafer. Appl Phys Lett, 1990, 57: 1246.

[4] Iijima S. Helical Microtubules of Graphitic Carbon. Nature, 1991, 354: 56.

[5] Morales A M, Lieber C M. Laser Ablation Method for the Synthesis of Crystalline Semiconductor Nanowires. Science, 1998, 279: 209.

[6] Tang Y H, Zhang Y E, Wang N, et al. Morphology of Si Nanowires Synthesized by High Temperature Laser Ablation. J Appl Phys, 1998, 85: 7981.

[7] Yu D P, Lee C S, Bello I, et al. Synthesis of Nano-Scale Silicon Wires by Excimer Laser Solution at High Temperature. Solid State Commun, 1998, 105: 403.

[8] Holmes J D, Johnston K P, Doty R C, et al. Control of Thickness and Orientation of Solution Grown Silicon Nanowires. Science, 2000, 287: 1471.

[9] 彭英才, 赵新为, 傅广生. 硅基纳米光电子技术. 保定: 河北大学出版社, 2009.

[10] Kasper J. 硅锗的性质. 余金中译. 北京: 国防工业出版社, 2002.

[11] 何杰, 夏建白主编. 半导体科学与技术. 北京: 科学出版社, 2007.

[12] 彭英才, 傅广生. 纳米光电子器件. 北京: 科学出版社, 2010.

[13] 王占国, 陈涌海, 叶小玲. 纳米半导体技术. 北京: 化学工业出版社, 2006.

[14] Nakamura T, Mukai T, Senoh M. Candela-Class High-Brightness InGaN/AlGaN Double Heterostructure Blue-Light-Emitting Diodes. Appl Phys Lett, 1994, 64: 1687.

[15] 彭英才, Zhao X W. 气相法制备 ZnO 纳米线及其阵列的生长机制. 人工晶体学报, 2008, 37: 450.

[16] 马洪磊, 薛成山. 纳米半导体. 北京: 国防工业出版社, 2007.

[17] 彭英才, Miyazaki S, 徐骏. TiO₂纳米结构在染料敏化太阳电池中的应用. 真空科学与技术

学报, 2009, 29: 411.

[18] 唐元洪 . 硅纳米线及硅纳米管 . 北京: 化学工业出版社, 2007.

[19] 朱静, 等 . 纳米材料和纳米器件 . 北京: 化学工业出版社, 2003.

[20] Gradecak S, Qian F, Li Y, et al. GaN Nanowire Lasers with Low Lasing Thresholds. Appl Phys Lett, 2005, 87: 173111.

[21] Zhang Y F, Russo E, Mao S S. Quantum Efficiency of ZnO Nanowire Nanolasers. Appl Phys Lett, 2005, 87: 043106.

[22] 彭英才, 傅广生 . 新概念太阳电池 . 北京: 科学出版社, 2014.

第2章
纳米线的制备方法

　　纳米线是典型的准一维纳米结构，具有显著的二维量子限制效应和大的比表面积（即纳米线的总表面积与其体积之比）。其直径一般为几十纳米，长度为几微米到几十微米，超长纳米线可达毫米量级。由于纳米线材料种类繁多、形态各异，因而其制备方法也不尽相同。归纳起来，大体可分为两大类，即气相生长方法与液相合成法。而气相生长法又可分为物理沉积与化学沉积两种方法；液相合成法也可分为模板辅助合成与溶液直接合成两种方法。此外，为了获得具有器件实用价值的宏量纳米线，可采用热丝化学气相沉积（HFCVD）、超临界流体法以及直接等离子氧化法制备。

　　本章将对以上各种方法的工艺原理进行介绍与讨论。除此之外，对纳米线的氧化物辅助生长（OAG）与固-液-固（SLS）生长也将进行简要介绍。

2.1　纳米线的气相生长法

　　纳米线的气相生长方法主要包括属于化学气相沉积的金属催化气-液-固（VLS）生长和属于物理气相沉积的金属催化气-固（VS）生长两种方法。前者可以利用热化学气相沉积（CVD）、金属有机化学气相沉积（MOCVD）和等离子体化学气相沉积（PECVD）工艺实现，而后者可以利用真空热蒸发、激光烧蚀沉积（LAD）和分子束外延（MBE）工艺实现。

2.1.1　纳米线的金属催化 VLS 生长

2.1.1.1　VLS 生长的基本原理

　　在纳米线的 VLS 反应过程中，金属催化剂的使用可以增强其表面气相反应。

在确定的合成温度下，金属薄膜或团簇被熔化，并在衬底表面形成合金液滴。来自于气相中连续分解所产生的物质被合金液滴所吸附，当该合金液滴出现过饱和时，将开始发生纳米线的成核与生长。金属催化 VLS 生长纳米线形貌的一个明显特点是：在纳米线的顶端有金属团簇存在，如图 2-1（a）所示。在这种生长方法中，纳米线的直径是由金属液滴的尺寸控制的，而该液滴尺寸的大小是由参与纳米线生长物质中的金属含量与合金共晶温度决定的。在大多数的纳米线 VLS 生长中，通常使用具有高固溶度的 Au、Ni 和 Pt 作为金属催化剂。然而有些金属，如 Zn、Ga 和 Sn 等在纳米线生长中具有较低的固溶度，这种现象将会导致在一个较大尺寸团簇中呈现出多个成核点，由此能够实现具有不同尺寸的高密度纳米线生长，如图 2-1（b）所示。采用具有低熔点的金属团簇，可实现化合物纳米线的生

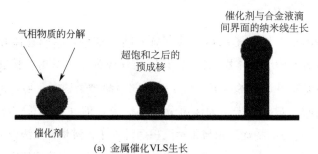

(a) 金属催化VLS生长

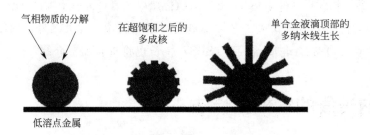

(b) 较大尺寸团簇中呈现多个成核点

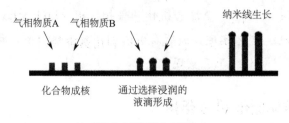

(c) 低熔点金属团簇生长纳米线

图 2-1　金属催化 VLS 生长过程示意图

长。在这种 VLS 生长中，参与反应的金属必须在纳米线合成温度下发生熔化，并且能够进行有效的气相反应，以至于在确定的条件下合成所预期的纳米线，图 2-1 (c) 所示为其生长模式。采用这种方法可实现氧化物、氮化物和磷化物等纳米线的合成[1]。

2.1.1.2 纳米线的 PECVD 生长

在电场作用下，由气体介电击穿所产生的等离子体能够有效地形成纳米线。这是因为由气体介电击穿引起的等离子体辉光放电，可以导致电流通过非导电电弧流动。等离子体是被电离的气体，其中也包括中性粒子、自由粒子和荷电的分子碎片，电子将通过它们发生电传导。典型的直流电弧放电装置包括图 2-2 (a) 和 (b) 所示的两种形式：图 2-2 (a) 为电流承载电弧放电，图 2-2 (b) 为转移电弧放电。这两种类型的放电装置都是由发射电子的阴极、等离子气体、冷却水和控制等离子的喷嘴组成的。在电流承载电弧放电中，阳极可以是任何材料。而在转移电弧放电中，被处理的材料为阴极。当电弧被点火放电后，等离子体将在所需要的电压下在阳极和阴极之间形成。在 PECVD 反应中，反应室压强保持在约 10^{-2} Torr (1Torr=133.322Pa，下同) 的低压下，以便能够形成有效的等离子体电离。外加电压一般为30V，电弧电流为100A，等离子体温度为1000K。在上述两种情形中，纳米线的生长均由暴露在等离子体中的反应自由基所产生。Choi 等[2]利用电流承载电弧放电装置，使用含 5% Ni/Co 的 GaN 材料，在 Ar/O_2 气氛中产生辉光放电等离子体沉积生长了 Ga_2O_3 纳米线。其直流电流为 55~65A，外加电压为 13~15V，反应室压强为 500Torr。

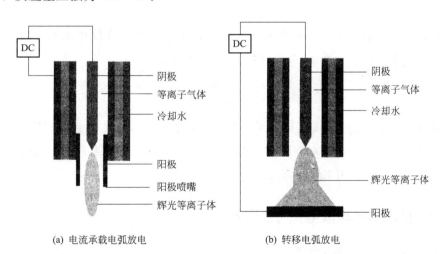

(a) 电流承载电弧放电 (b) 转移电弧放电

图 2-2 典型的直流电弧放电装置

2.1.1.3   金属纳米线的 MOCVD 生长

MOCVD 是在常规化学气相沉积基础上发展起来的超薄膜外延生长技术。它是以各种金属有机化合物为气源，以 H_2、Ar 或 N_2 等作为载气，通过它们在具有一定温度和气压下进行热分解反应而导致薄膜生长，图 2-3 所示为该工艺方法的装置示意图。

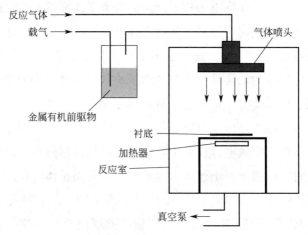

图 2-3   金属有机化学气相沉积装置示意图

研究指出，影响 MOCVD 纳米线生长的主要工艺参数是金属有机化合物的流量速率、反应室气压及衬底温度。金属有机物的饱和蒸气压（P_{MO}）与温度之间的关系可由下式给出：

$$\lg P_{MO} = A - \frac{B}{T} \tag{2-1}$$

式中，A 与 B 是与材料性质相关的常数；T 为温度。在反应室中，金属有机物的流量速率（F_{MO}）与饱和蒸气压之间的关系为：

$$F_{MO} = \frac{P_{MO}}{P_{tot}} \times F_{tot} \tag{2-2}$$

式中，F_{tot} 为总的气体流量速率；P_{tot} 为反应室内的总气压。Wu 等[3]已采用 MOCVD 方法，以 Au 作为金属催化剂，于 $450\sim550℃$ 的条件下，在 GaAs(111) 衬底上生长了 GaAs 纳米线阵列。

2.1.2   纳米线的金属催化 VS 生长

2.1.2.1   VS 生长的基本原理

与化学气相沉积不同，VS 生长是一种物理沉积方法。它是在高温条件下，由原料蒸发或者升华成气体，而后在冷却的衬底表面上沉积纳米线的方法。如果在 VS 生长纳米线时加入金属催化剂，即为金属催化 VS 生长。而如果在 VS 生长中不加入金属催化剂，即为氧化物辅助生长。在 VS 生长中所控制的主要工艺条件有原材料的含量、加热温度、载气的流速以及衬底温度等。采用真空热蒸发、激光烧蚀沉积、电子束蒸发以及分子束外延工艺，可以完成纳米线的 VS 制备。下面，主要介绍采用金属催化剂的 VS 生长方法。

2.1.2.2 纳米线的真空热蒸发

一个典型的热蒸发装置由七个部分组成，即质量流量计、真空规管、放置生长纳米线原料的器皿、蒸发物质、管式反应炉、热电偶以及温度控制器等，如图 2-4 所示。管式反应炉有三个加热区。纳米线沉积通常是在低压条件下进行，主要是因为采用低压可以减少反应过程中氧的沾污，典型的反应气压为 $1\sim100$Torr。用于纳米线生长的原料放置在水平放置的器皿中，该器皿材料应具有较高的熔点和较好的化学稳定性。通过控制气源浓度、蒸发温度与反应气压，便可以获得预期的纳米线生长。

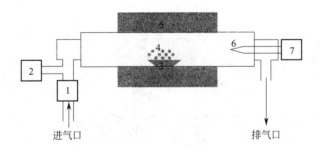

进气口   排气口

图 2-4 真空热蒸发装置示意图

1—质量流量计；2—真空规管；3—放置生长纳米线原料的器皿；

4—蒸发物质；5—管式反应炉；6—热电偶；7—温度控制器

真空蒸发纳米线生长包括以下几个步骤：首先，加热原料使其蒸发或升华，将被沉积的原料由固态转变为气态；气相原子或分子在真空中传输，并到达衬底表面；被吸附在衬底表面上的原子在金属团簇的催化作用下成核并生长，最后形成纳米线。许多金属氧化物纳米线，如 SnO_2、ZnO、GaO、MgO 与 WO_3 等纳米线均利用这种热蒸发方式进行了成功制备[4]。

2.1.2.3 纳米线的电子束蒸发

电子束蒸发是用于纳米线制备的另一种常用的蒸发技术。具有足够能量的电子束被加速，并聚焦到被蒸发的原料上。在电子束被照射的地方，原料被加热到所需要的蒸发温度，进而完成纳米线的沉积生长。这种方法的主要优点是能够迅速获得很高温度，而且电子束只加热原料，因而能避免器皿对纳米线生长所造成的污染。

2.1.2.4 纳米线的激光烧蚀沉积

激光烧蚀沉积是一种利用具有高能量、非平衡和快速凝聚生长纳米线的气-固方法，典型的脉冲激光沉积装置如图 2-5 所示。在这种方法中，放置在反应室中的固体靶是含有少量 Fe、Au 或 Ni 等具有催化作用的原料，保护气体通常为 Ar 气。当具有高脉冲能量的激光束经过透镜聚焦并照射到固体靶上时，被照射部位的原料将会吸收大量的能量，这将使得靶材表面几十纳米的薄层在很短时间内被烧蚀熔化，从而导致靶材中的烧蚀物以原子、离子、分子或团簇等形式沿表面层的法向喷出，并在真空条件下与保护气体的原子或分子发生弹性或非弹性碰撞，最终在金属催化作用下于固体表面上成核生长，以形成所需的纳米线。人们已采用这种方法合成了多种类型与材料的纳米线，如ⅢA-ⅤA族化合物的 GaAs、GaP 和 InP 纳米线，ⅡB-ⅥA 族的 ZnS、ZnSe 和 CdSe 纳米线，以及 Fe、Zn、Sn 和 Ga 等金属纳米线[5]。

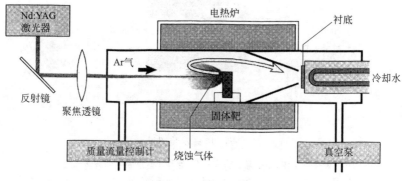

图 2-5 激光烧蚀沉积装置示意图

2.1.2.5 纳米线的分子束外延（MBE）生长

MBE 是一种在超高真空（10^{-10} Torr）条件下的真空蒸发方法，其原理也是基于动力学过程的物理气相沉积。在超薄膜生长方面，MBE 的主要工艺特点是膜层生长速率很慢，因而可使其厚度得到精确控制，薄膜的生长表面或界面可达到原子级平衡程度。此外，由于 MBE 生长是在超高真空条件下进行的，因此可以把各种分析与监测装置结合到外延生长系统中去，这些精密设备提供了清洁的衬底表面，以及能够实时或原位监测生长环境与薄膜生长信息的重要手段；使用的固态源是依靠加热气化和蒸发的，因此只要合理选择生长材料，便可以实现所需薄膜组分、掺杂浓度和结构性质的各类薄膜材料。图 2-6 所示为一个典型的 MBE 装置示意图。采用这种方法，以 Au 作为金属催化剂，已在 InAs(111) 衬底上成功合成了 InAs 纳米线[6]。

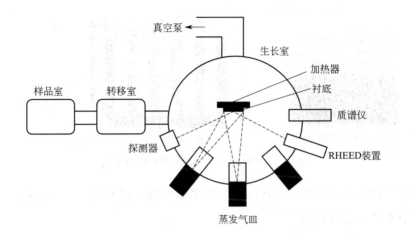

图 2-6　分子束外延装置示意图

2.2　纳米线的溶液合成法

纳米线的液相合成是利用均匀弥散在溶液中的溶质原料，在特定条件下沉积纳米线的方法。该方法主要包括基于模板的溶液合成与不采用模板的直接合成两种方法。所谓模板合成，就是利用具有特定结构形状的模板以获得有序阵列的一维纳米结构。这种方法的优点是可以控制纳米线的尺寸，产量较高。但是，为了获得高质量的纳米线，必须在纳米线合成之后将其模板清除，而模板的清除又并非易事。直接溶液合成则是采用水热法与声化学法等工艺形成纳米线的制备技术。

2.2.1　基于模板的溶液合成

2.2.1.1　阳极氧化铝模板

用于纳米线溶液合成的模板多种多样，其中阳极氧化铝模板是在纳米线生长中使用较多的模板。其制备方法是将高纯铝箔放置在盛有电解液的浴槽中，并施加一适当大小的直流电压。这样，随着氧化反应的不断进行，便可以形成所预期的多孔铝薄膜结构。在这种阳极氧化反应中，铝箔为阳极，而电解液为阴极，图 2-7(a) 和（b）分别示出了阳极氧化的工艺原理与所形成的阳极氧化铝模板结构。在严格控制氧化反应的条件下，可以形成孔隙率高达 $10^{10} \sim 10^{11} \, \text{cm}^{-2}$ 的有序多孔铝模板，以用于各类纳米线（如 Si、Ge、SiC、GaAs、GaN、ZnO、SnO_2、In_2O_3、Ga_2O_3、TiO_2、CdS 以及 CdTe 纳米线等）的合成与制备[7]。

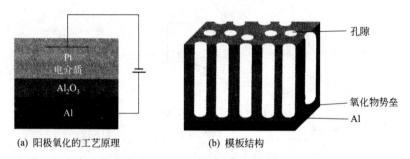

(a) 阳极氧化的工艺原理   (b) 模板结构

图 2-7   阳极氧化的工艺原理和模板结构

除了具有大表面积和均匀孔径的氧化铝与聚合物模板外，介孔 SiO_2 也可以作为无机纳米线合成的模板。

2.2.1.2   同轴纳米线模板

采用碳（C）纳米管作为模板可以制备由 SiC 纳米线填充的 BN 管，即制备出以 SiC 为内核和以 BN 为外壳的同轴纳米线[8]。具体而言是将碳纳米管的替代反应与限制反应相结合，在有 N_2 参加的情形下由 C 纳米线与 B_2O_3 蒸气的反应形成 BN 纳米管。在这种反应中，纳米管的内径限制了 SiC 纳米线填充物的直径。采用 C 纳米管替代反应制备 BN 纳米管的化学反应为：

$$B_2O_3 + 3C(\text{纳米管}) + N_2 \longrightarrow 2BN(\text{纳米管}) + 3CO$$

对于 SiC 填充物的形成，可能包括以下反应过程。首先是形成 SiO 蒸气：

$$SiO_2 + Si \longrightarrow 2SiO(\text{蒸气})$$

所产生的 SiO 蒸气流动到 C 纳米管存在的区域，然后进入 C 纳米管腔内。随后，由 CO 蒸气形成 SiC 纳米线填充物：

$$SiO + 3CO \longrightarrow SiC(\text{纳米线}) + 2CO_2$$

SiC 纳米线填充物通过晶核形成和生长而发生晶化，直到装入纳米管，SiC 填充物的尺寸接近纳米管的内直径。纳米管壁开始控制填充物进一步生长，最终形成准一维纳米结构。

2.2.1.3   基于模板的电化学沉积

在电化学模板沉积合成方法中，用于纳米线生长的模板作为阴极，被连接到直流供电电源的负端，而阳极则连接到电源的正端。这两个电极均被浸没在电解液中，电解液中的金属离子在纳米线合成中将被沉积到阴极上。沉积是从电极的底部开始，以使纳米线能够实现很好的有序生长。通过控制外加电压、电流密度、溶液中的阳离子和阴离子浓度、电解质浓度、反应温度以及电极的特性（如材料类型、几何形状、表面面积等），便可以获得预期的纳米线生长。

电化学模板沉积具有以下工艺特点。

① 通过控制外加电压或电流密度，可以调控纳米线的长度与形貌比（纳米线长度与直径之比）。

② 通过改变极板溶液与沉积材料，可以实现纳米线的分段生长。例如，已有人利用这种方法沉积了 8 段（每段长度为 750nm）的 Au-Ag-Au 纳米线，由于模板的采用使所制备的纳米线呈现出很好的有序排列。

2.2.1.4 基于模板的溶胶-凝胶沉积

溶胶-凝胶模板合成是基于溶胶粒子填充模板的孔隙而形成的所谓毛细管作用而形成纳米线或纳米管的方法。模板用包含前驱物材料的溶胶进行浸渍，并对其进行加热。溶胶是一种弥散在溶液中的固体粒子悬浮物，而凝胶则是由凝胶反应形成的类似半固态或液态的网络结构。溶胶-凝胶过程包含了一个系统从液态溶胶向固

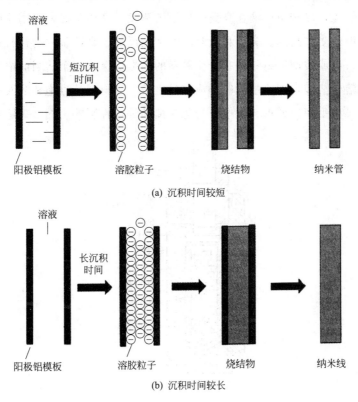

(a) 沉积时间较短

(b) 沉积时间较长

图 2-8 采用溶胶-凝胶模板合成一维纳米结构的过程示意图

态凝胶的转变。该方法是基于前驱物的氢分解和凝聚反应,通常所使用的模板为阳极氧化铝,模板的孔隙是由溶胶纳米微粒紧密堆积进行填充的。如果沉积时间较短,那么微粒会沉积在模板的内壁上,其结果是形成中间为空心的纳米管,如图2-8(a) 所示。而如果沉积时间较长,将会导致纳米线的形成,如图2-8(b) 所示。将凝胶清除之后,就可以获得最终所需的纳米结构。采用溶胶-凝胶模板合成方法,已实现了 ZnO、TiO_2、CeO_2、V_2O_5、Eu_2O 和 CdS 等多种一维纳米结构的生长[9]。该方法的主要不足是纳米线的生长速率较慢,这是由于溶胶通过孔隙的扩散速率较慢所造成的。不过,通过增强外电场以增加溶胶的移动能力,可以使其生长速率得到进一步提高。

2.2.2 无模板的溶液合成

2.2.2.1 纳米线的水热法合成

所谓水热法是指在高温和高压条件下,从可溶性金属或金属有机盐的高温含水溶液中实现的材料晶化与生长。溶液被盛放在温度为 $100\sim300℃$ 的高压釜中,并保持较高的气压,以避免溶液在高温条件下被蒸发。高压釜通常采用柱形不锈钢压力罐,使其能经受住高温、高压和长时间的水热反应。高压釜的内衬材料可采用聚四氟乙烯、石英或玻璃等材料。在生长腔室的两端应保持一个适当的浓度梯度,以使热端能够溶化溶液,而冷端能够形成籽晶生长。当材料从过饱和溶液发生沉淀后开始生长,成核受超声处理、磁搅拌与化学搅动等条件影响。图2-9是高压釜装置

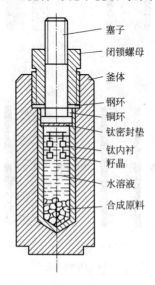

图 2-9 高压釜装置示意图

示意图，利用这种方法已成功合成了 ZnO、SnO_2、In_2O_3、TiO_2 以及 PbO 等纳米线[10]。

2.2.2.2　纳米线的声化学法合成

声化学法是利用超声波在溶液中产生籽晶而使纳米线生成。这种方法是基于一种称为"气穴"的现象，亦即当液体的压强低于其液相压强时，会产生气体旋涡。溶液中的气穴可以通过外加频率为 $15\sim400kHz$ 的超声波而形成。在溶液中所产生的压缩波将击碎液体，并产生大量的微旋涡。当温度高于 $500K$ 和气压为 $100atm$（$1atm=101325Pa$）时，局部的热量将大量释放，这将使得具有高能量的旋涡快速消失。这种局部的高温和高压过程与快速冷却过程相结合，可以在极端条件下提供一种独特的化学反应。在爆裂的旋涡范围内有三个区域，即驱动自由基反应的内部区域、合成反应发生的旋涡与液体之间的界面区域以及处于大气状态的溶液区域。图 2-10 是该合成方法的示意图。

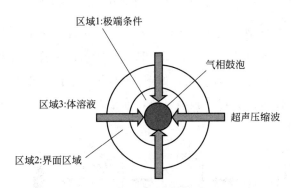

图 2-10　声化学法合成纳米线的装置示意图

人们已经采用这种方法合成了 Se 纳米线[11]。首先，利用含水的 Se 溶液将其制备成凝胶状态，然后将它们弥散到乙醇溶液中并超声 30s。在超声的作用下，这些凝胶聚合成不规则的形状。由于局部加热和连续的溶液状态变化，在胶体粒子上有籽晶形成，这些籽晶便为其后纳米线的生长奠定重要基础。

2.2.2.3　纳米线的表面活性剂辅助生长

表面活性剂是由亲水基和长烷基链疏水基组成的有机化合物，如图 2-11(a) 所示。微乳液是水、油、表面活性剂和助表面活性剂按适当比例混合，自发形成的各向同性、热力学稳定的分散体系。表面活性剂在微乳液中自组织，形成正向胶束和反向胶束。当油分散在水中时，表面活性剂形成正向胶束，其长烷基链形成内核，而头部形成外壳层，如图 2-11（b）所示。当水分散在油中时，表面活性剂形成反向胶束，如图 2-11（c）所示。由于反向胶束具有可变的液滴尺寸与含水成分的扩展性，因而可用于纳米线的合成与生长。尤其是经过氢处理的表面活性剂，更适合于纳米线的形成。通过控制表面活性剂的性质、温度以及反应剂浓度等条件，可以实现各类纳米线的生长。例如，CeO_2 与 ZnO 纳米线以及 PbS 纳米晶粒，均已采用该方法进行了制备[12]。

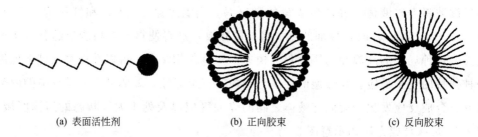

(a) 表面活性剂　　　　(b) 正向胶束　　　　(c) 反向胶束

图 2-11　采用表面活性催化剂的纳米线生长

采用这种方法制备纳米线的步骤是：首先，采用临界胶束浓度的表面活性剂分子，以自组织方式形成棒状胶束，如图 2-12（a）所示；接着，纳米材料在胶束中间圆柱状空间中的溶液中形成纳米线，如图 2-12（b）所示；然后，当用适当的溶剂去掉表面活性剂，便可以获得单根纳米线，如图 2-12（c）所示。

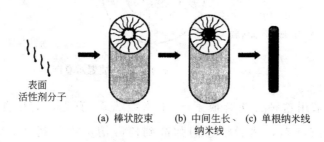

表面
活性剂分子　　(a) 棒状胶束　(b) 中间生长、 (c) 单根纳米线
　　　　　　　　　　　　　　　　纳米线

图 2-12　表面活性剂辅助生长纳米线

2.3　纳米线的固相生长法

2.3.1　纳米线的氧化物辅助生长

氧化物辅助生长是继金属催化生长之后的又一种制备纳米线的有效方法。例如，以 Si 氧化物为原料，采用激光烧蚀沉积或直接热气相合成方法，并基于氧化

物辅助生长机理，可以制备高质量的 Si 纳米线。对于激光烧蚀 Si 和 SiO₂ 粉体合成
Si 纳米线的情形，Zhang 等[13] 给出了如图 2-13 所示的生长原理。其中，图 2-13
（a）表示 Si 氧化物气体开始沉积并形成了含有 Si 纳米粒子的基体，而图 2-13（b）
则表示 Si 氧化物排出 Si 核后形成了无定形 Si 氧化物外壳层，而 Si 晶核在内部不
断重新结晶，使得纳米线在其尖端以较快速度生长，而在生长较慢的方向则形成纳
米粒子链。进一步的分析指出，Si 纳米线的生长由以下四个因素所决定。

① 在纳米线生长端 SiO₂ 层的催化作用。

② 纳米线的外层由 SiO 反应形成 SiO₂，它阻止了纳米线在非一维方向上的
生长。

③ 在（112）方向上产生的缺陷促进了 Si 纳米线的快速生长。

④ 当晶粒尺寸减小到纳米量级时，Si(111) 面的出现使系统能量进一步减小，
这也对 Si 纳米线的生长起着重要作用。

综合以上四种因素可知，在激光烧蚀过程中，纳米线的成核与生长同时发生，
在线的端部形成了具有不同结晶方向的晶核。这些晶核生长速率比较慢，由此会引
起纳米线生长方向的改变或重新成核，而重新成核又将导致纳米链的形成。

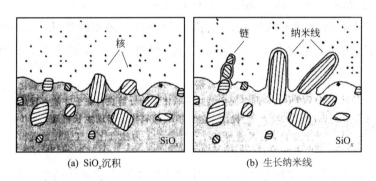

(a) SiOₓ沉积   (b) 生长纳米线

图 2-13　氧化物辅助生长 Si 纳米线的原理示意图

2.3.2　纳米线的 SLS 生长

文献［14］以 Au 膜作为金属催化剂，直接从 n-Si(111) 单晶衬底上制备了直
径为 30～60nm 和长度从几微米到几十微米的高质量 Si 纳米线。图 2-14 示意了 Si
纳米线的 SLS 生长步骤：

① 在衬底加热温度达到 Au-Si 共晶温度（363℃）后，在 Si 片表面上形成具有
一定直径和密度分布的 Au-Si 合金液滴，如图 2-14(a) 所示。

② 在给定的退火温度下，单晶 Si 衬底靠近表面的 Si 原子将挣脱周围原子价键

的束缚，并通过固-液界面以扩散运动方式进入处于 Si 表面的 Au-Si 合金液滴中去。在 Au-Si 液滴合金中的 Si 原子尚未达到饱和状态之前，它会不断吸收来自于 Si 衬底中的 Si 原子，直到使其处于饱和状态为止，如图 2-14(b) 所示。

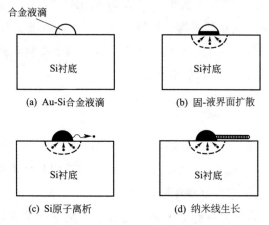

图 2-14　Si 纳米线的 SLS 生长过程示意

③ 当 Au-Si 合金液滴中的 Si 原子处于过饱和状态时，它们将冲破该液滴表面的张力作用并从中分离析出，如图 2-14(c) 所示。

④ 随着生长时间的不断增加，大量 Si 原子将源源不断地从合金液滴中析出，并最终在衬底表面上形成具有一定形状、直径和长度的 Si 纳米线，如图 2-14(d) 所示。

2.4　纳米线的宏量制备方法

所谓宏量纳米线，是指能够满足器件制作需要的能够量产的纳米线。上述所介绍的一些纳米线合成方法，在实现宏量纳米线生长方面尚具有一定难度。为此，人们又发展了几种能够胜任量产化纳米线制备的工艺方法，如热丝化学气相沉积（HFCVD）法、超临界流体法以及等离子体直接氧化法等。

2.4.1　热丝化学气相沉积法

HFCVD 方法主要用于高熔点金属（如钙、钽、钼和镍等）纳米线与高熔点金属氧化物（如氧化钨、氧化钽和氧化镍等）纳米线的合成，图 2-15 所示为一个典型 HFCVD 装置。该反应装置主要由一个放置金属丝的石英管组成，金属丝安装在石英管反应室内的两个陶瓷管顶部，其热丝温度由外电源加以控制。放置于石英管中的衬底由外部加热装置加热，并控制纳米线沉积所需的温度。在 HFCVD 中，金属氧化物蒸气到衬底之间的化学气相传输保持在低于气相物质热分解的温度，以便于产生金属氧化物纳米线。由于 HFCVD 中的金属丝具有较大的表面积，因此与常规的热蒸发相比，容易实现宏量纳米线的制备。例如，Vaddiraju 等在 1450℃ 的热丝温度下合成了 W 纳米线[15]。

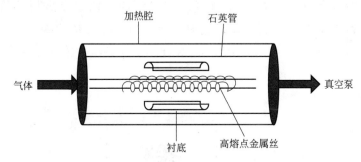

图 2-15　热丝化学沉积装置

2.4.2　超临界流体法

超临界流体法是 2000 年由 Holmes 等首次提出的，图 2-16 所示为由他们所设计的高压反应装置[16]。该方法的纳米线生长机理类似于常规的 VLS 方法，但是在这种方法中催化纳米线生长的金属是处于悬浮状态的。分解成金属熔体的团簇是发生在液相而并非气相，因此该方法也被称为溶液-液相-固相方法。超液相环境提供了一个溶质快速溶化的质量转移过程，因此可以更有效地控制分解反应的动力学过程，以便在超临界流体状态下生长具有均匀尺寸的纳米线。利用这种方法已在 300～500℃ 温度下合成了 Ge 纳米线[17]。

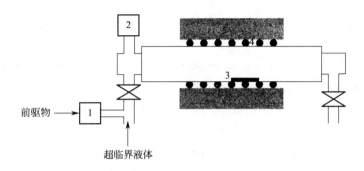

图 2-16　超临界流体反应装置示意

1—反应原料；2—气压规管；3—衬底；4—加热器；5—保温层

2.4.3 等离子体直接氧化法

等离子体直接氧化法是为了制备宏量氧化物纳米线由 Sunkara 等提出的[18]。在这种方法中，没有通常的从原料到衬底的化学气相传输，低熔点的金属是暴露在低气压和充分电离的氧等离子体中。一个简单的反应装置示于图 2-17 中。该装置包括一个能产生氧等离子体的源，低熔点金属放置在衬底上并暴露在等离子体中。人们已在衬底温度为 $550℃$，射频功率为 $700W$ 和总气压为 $40Torr$（$1Torr＝133.322Pa$）的条件下，在氧等离子体气氛中合成了 Ga_2O_3 纳米线。

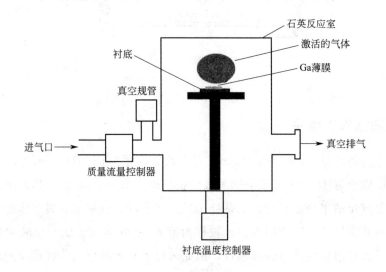

图 2-17　等离子体直接氧化装置示意图

参考文献

[1] Meyyanppan M, Sunkara M K. 材料科学与应用进展. 无机纳米线: 应用、性能和表征. 北京: 科学出版社, 2012.

[2] Choi Y C, Kim W S, Park Y S, et al. Catalytic Growth of β-Ga₂O₃ Nanowires by Arc Discharge. Adv Mater, 2000, 12: 746.

[3] Wu H, Mei X Y, Kim D, et al. Growth of Au-Catalyzed Ordered GaAs Nanowire Arrays by Molecular-Beam Epitaxy. Appl Phys Lett, 2002, 81: 5177.

[4] 马洪磊, 薛成山. 纳米半导体. 北京: 国防工业出版社, 2009.

[5] 唐元洪. 硅纳米线及纳米管. 北京: 化学工业出版社, 2006.

[6] Jensen L E, Bjork M T, Jeppesen S, et al. Role of Surface Diffusion in Chemical Beam Epitaxy of InAs Nanowires. Nano Lett, 2004, 4: 1961.

［7］ Zheng M J, Zhang L D, Li G H, et al. Fabrication and Optical Properties of Large -Scale Uniform Zinc Oxide Nanowire Arrays by One-Step Electronical Deposition Technique. Chem Phys Lett, 2002, 363: 123.

［8］ Han W, Redlich P, Frnst F, et al. Synthesizing Boron Nitride Nanotubes Filled with SiC Nanowires by Using Carbon Nanotubes as Templates. Appl Phys Lett, 1999, 75: 1875.

［9］ Wu G S, Zhang L D, Cheng B C, et al. Synthesis of Eu_2O_3 Nanotube Arrays Through a Facile Sol-Gel Template Approach. J Am Chem Soc, 2004, 126: 5976.

［10］ Jiang X, Wang Y, Herricks T, et al. Ethylene Glycol-Mediated Synthesis of Metal Oxide Nanowires. J Mater Chem, 2004, 14: 695.

［11］ Gates B, Mayers B, Grossman A, et al. A Sonochemical Approach to the Synthesis of Crystalline Selenium Nanowires In solutions and on Solidsupports. Adv Mater, 2002, 14: 1749.

［12］ Xu C, Xu G, Liu Y, et al. A Simple and Novel Route for the Preparation of ZnO Nanorods Original Research Article. Solid State Communication, 2002, 122: 175.

［13］ Zhang Y F, Tang Y H, Wang N, et al. One Dimentional Growth Mechanism of Crystalline Silicon Nanowires. J Crystal Growth, 1999, 197: 136.

［14］ 彭英才, 范志东, 白振华, 等. Si 纳米线的固-液-固可控生长及其形成机理分析. 物理学报, 2010, 59（2）: 1169-1174.

［15］ Vanddiraju S V, Chandrasekaran H, Sunkara M K. Vapor Phase Synthesis of Tungsten Nanowires. J Am Chem Soc, 2003, 125: 10792.

［16］ Holmes J D, Johnston K P, Doty R C, et al. Control of Thickness and Orientation of Solution Grown Silicon Nanowires. Science, 2000, 287: 1471.

［17］ Sharma S, Sunkara M K. Direct Synthesis of Gallium Oxide Tubes, Nanowires, and Nanobrushes. J Am Chem Soc, 2002, 124: 12288.

［18］ Sunkara M K, Sharma S, Miranda R, et al. Bulk Synthesis of Silicon Nanowires Using a Low-Temperature Vapor-Liquid-Solid Method. Appl Phys Lett, 2001, 79: 1546.

第3章
纳米线的生长机制

在第 2 章中，我们已经介绍了纳米线的各种制备方法。很显然，任何一种纳米线的生长与其固有的生长机制密不可分。换而言之，是确定的生长机制主导了纳米线的形成。从本质上讲，纳米线的生长是在确定的工艺条件（如温度、气压等）下，参与反应物质的原子或分子的能量相互作用的过程。在纳米线的各种制备方法中，基于金属催化的 VLS 生长是一种最主要和最常用的方法，并在各种纳米线的合成与制备中获得了成功应用。那么，金属催化的物理本质是什么？金属的催化生长作用来自何处？何种金属能够起到这种催化作用？是什么因素制约着熔体金属的成核，并最终导致了纳米线的形成？

本章将从气相中物质的分解、质量转移、表面吸附与解吸以及成核生长等热力学和动力学角度出发，对纳米线的金属催化 VLS 生长进行具体分析与讨论。

3.1 纳米线的金属催化 VLS 生长过程

纳米线的沉积与生长是一个十分复杂的热力学和动力学过程，它广泛涉及气相中物质的传输、分解、吸附、成核与解吸等多步基元反应。图 3-1 所示为采用金属催化的整个纳米线 VLS 生长过程，共分 9 个步骤：①气相中分解物向衬底表面的转移；②转移物质在金属合金液滴表面的吸附与解吸；③吸附物质向金属-固体界面的表面扩散；④金属合金液滴中的吸附物质向金属-固体界面的体内扩散；⑤扩散到界面的物质结合到合金液滴-固体界面中去；⑥在纳米线表面发生物质的吸附与解吸；⑦吸附物从衬底向纳米线的扩散；⑧由其他竞争生长过程而导致的物质分布；⑨由其他竞争生长过程导致的吸附原子流的分布。而在上述诸多生长步骤中有一个必不可少的重要条件，这就是固体表面金属合金液滴的形成，正是它直接控制着纳米线的成核、生长方向、直径大小、密度分布与长生速率等[1]。下面，首先从热力学角度进行分析，然后从动力学角度加以讨论。

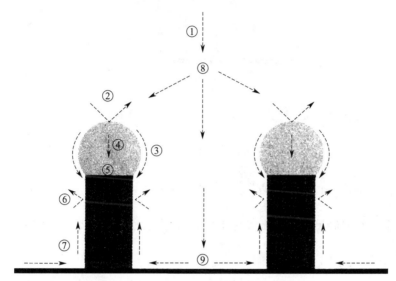

图 3-1　纳米线的金属催化 VLS 生长过程示意图

3.2　纳米线的 VLS 生长热力学

3.2.1　VLS 生长中的过饱和现象

如上所述，在一个典型的金属催化 VLS 生长过程中，首先是在衬底表面形成金属合金液滴。接着，从气相分解的物质进入该合金液滴，并产生过饱和现象。此后，接踵而来的气相分解物开始在合金液滴表面成核，然后生长出具有一定直径和长度的纳米线[2]。

金属合金液滴的形成可以通过其自由能的最小化表示。假定一个曲线表面的化学势为 μ_r，一个平坦表面的化学势为 μ_∞，则二者之间的化学势差可依据汤姆逊-吉布斯方程得到，即：

$$\mu_r - \mu_\infty = \frac{2\gamma\Omega}{r} \tag{3-1}$$

式中，γ 为液滴的表面能；Ω 为成核内物质的摩尔体积；r 为液滴的表面半径。式(3-1)描述了纯气相成核的临界尺寸和球形液滴与平面表面之间的气-液平衡差，如图 3-2 所示。

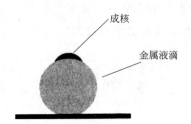

图 3-2　金属液滴表面的成核示意图

气相物质的化学势 μ_g 与其分压的大小相关，于是有：

$$\mu_g = kT\ln\left(\frac{p}{p^\infty}\right) \tag{3-2}$$

式中，$\dfrac{p}{p^\infty}$ 为气相中的过饱和度；k 为玻耳兹曼常量；T 为热力学温度。很显然，在一个已知液滴尺寸的平衡条件下，其气相的浓度可由式（3-1）和式（3-2）得到，即有：

$$kT\ln\left(\frac{p}{p^\infty}\right) = \frac{2\gamma\Omega}{r} \tag{3-3}$$

由上式可知，在一个具有确定尺寸液滴的平衡状态下，气相中物质的分压将大于平面状态下的分压，这意味着有过饱和现象产生。令平衡条件下液滴的半径为 r，则气相中的分压可为：

$$p_r = p^\infty \exp\left(\frac{2\gamma\Omega}{rkT}\right) \tag{3-4}$$

式中，p^∞ 为平衡条件下平坦表面的分压。由此可以估测纯气相情形下金属合金液滴的临界成核尺寸，故有：

$$r_c = \frac{2\gamma\Omega}{kT\ln\left(\dfrac{p}{p^\infty}\right)} \tag{3-5}$$

上式表明，在此种情形下的过饱和可以通过分压 p 而变化。换句话说，合金液滴的尺寸大小可以通过分压 p 进行调控。

3.2.2　从金属合金液滴成核

当金属合金液滴产生过饱和之后，开始在其表面成核，以备纳米线的生长。而描述表面成核的一个主要物理量是吉布斯自能的变化 ΔG_T，它可由下式表示：

$$\Delta G_{\mathrm{T}} = \Delta G_V \times \frac{4}{3}\pi r^3 + \Delta G_{\mathrm{s}} \times 4\pi r^2 \tag{3-6}$$

式中，ΔG_V 为因成核体积改变而导致的自由能变化；ΔG_{s} 为由于表面产生使成核弯曲导致的自由能变化。临界成核尺寸可由下式估测：

$$\frac{\partial \Delta G_{\mathrm{T}}}{\partial r} = 0 \tag{3-7}$$

由此可得出临界半径 r^* 为：

$$r^* = \frac{-2\sigma}{\Delta G_V} \tag{3-8}$$

式中，σ 为临界成核与金属合金液滴之间的界面能（图 3-2）。ΔG_V 可由下式给出：

$$\Delta G_V = \frac{kT}{\Omega}\ln\left(\frac{C}{C^*}\right) \tag{3-9}$$

式中，C 和 C^* 分别为液体合金中溶质的浓度和平衡浓度；$\dfrac{C}{C^*}$ 为产生成核过程的驱动力。其临界成核直径为：

$$d_{\mathrm{c}} = \frac{4\sigma\Omega}{kT\ln\left(\dfrac{C}{C^*}\right)} \tag{3-10}$$

3.2.3 过饱和极限的热力学估计

研究指出，一个典型的低熔点金属催化 VLS 过程是在等温条件下完成的。在这种条件下的最大过饱和现象，对于确立临界成核尺寸是十分重要的，利用热力学稳定性分析可以估测这一过饱和极限。对于一个有固相与液相并存的两相系统，在某一特定温度下的混合自由能有最小值。图 3-3 所示为 Ge-Ga 两相系统的液相线和亚稳线示意图，图的上部是以 Ga 为金属催化剂生长 Ge 纳米线的形成过程。其中，Ge 纳米线的成核与生长机制包括以下几个环节。

① 在 Ge 衬底表面上 Ge 液滴的形成。

② Ga 液滴的过饱和。

③ Ge 在 Ga 的不稳定点处连续成核。

④ 在液相线和亚稳线之间 Ge 核上的一维定向纳米线生长[3]。

采用合金液滴与衬底表面之间的界面能可以确定临界成核尺寸。如果金属液滴与衬底表面之间的夹角为 θ，则表面能与界面能之间的关系可由下式表示：

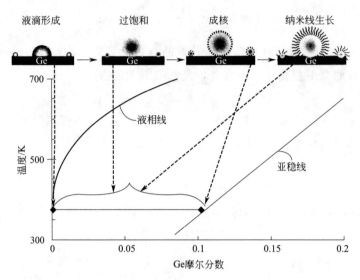

图 3-3   Ge-Ga 两相系统的液相线与亚稳线示意图

$$\gamma_{IV}\cos\theta = \gamma_{SV} - \gamma_{SL} \tag{3-11}$$

式中，γ_{IV} 为液-气表面能；γ_{SV} 为固-气表面能；γ_{SL} 为固-液界面能。

3.2.4   典型二元系统的相图

相图是用来表示物质相的状态和温度与组分之间关系的综合图形。由于它所显示的状态为平衡状态，因而是在一定温度和成分等热力学条件下最稳定的状态。对于一个二组元系统，如果各组元在液态下无限溶解，而在固态下有限溶解，则二者存在共晶反应，并形成混合物的共晶相图。共晶温度对金属催化生长纳米线具有至关重要的作用。

在 Si 纳米线的 VLS 生长中，人们多采用 Au 作为金属催化剂，图 3-4(a) 示出了 Au-Si 二元系统相图。由图可以看出，Au-Si 的共晶温度为 363℃，此时的 Si 的原子分数为 18.6%。除了 Au 之外，金属 Al 也可以用于 Si 纳米线的 VLS 生长和气-固-固 (VSS) 生长。图 3-4(b) 给出了 Al-Si 二元系统的相图。由图可知，VLS 和 VSS 两种不同生长模式都依赖于生长温度。对于 VLS 机制来说，Si 纳米线的生长温度要高于 Al-Si 的共晶温度 (577℃)，此时 Al-Si 催化剂粒子处于液相状态；而对于 VSS 机制而言，Si 纳米线的生长温度低于 577℃。在这种情形中，催化粒子将保持它的固相状态，此时 Si 纳米线的生长类似于固相外延生长，其生长温度在 350～525℃之间[4]。ⅢA 族元素 Ga 与ⅤA 族元素 Sb 的二元相图如图 3-4(c) 所示。该二元系统有两个共晶区域：在区域Ⅰ是富 Ga 的，Sb 在 Ga 中的溶解度很低，共晶温度 29.77℃。在区域Ⅱ是富 Sb 的，该区域中 Ga 和 Sb 的溶解度都很高，其共晶温度也较高（630.755℃）。实验指出，Ⅱ区中 Ga 在 Sb 中具有较高的溶解度将导致在 Sb 液滴顶部 GaSb 纳米线的生长。图 3-4(d) 所示为另一种ⅢA 族元素 In 与ⅤA 族元素 Sb 形成的二元系合金相图。不难看出，在此 In-Sb 二元相图中，In 在 Sb 中或 Sb 在 In 中均具有较高的溶解度，因此将会导致 InSb 纳米线在 In 或 Sb 液滴顶部的 VLS 生长。

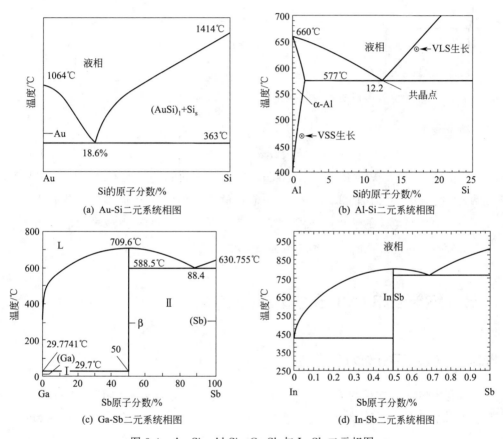

图 3-4　Au-Si、Al-Si、Ga-Sb 与 In-Sb 二元相图

3.2.5　纳米线生长中的界面能作用

诸多的实验研究业已证实，对于采用金属催化 VLS 生长的纳米线而言，在其顶端均残留一定量的金属合金液滴，这是各种金属催化纳米线形成的一个显著形貌特征。也正是这一金属合金液滴的存在，控制着纳米线的生长直径与生长方向等，而这又与纳米线生长中界面能的作用直接相关。Schmidt 等[5]给

出了 Si 晶须生长中直径与生长方向的依赖关系。他们实验观测到，当 Si 纳米线半径为 20nm 时，将发生从（110）晶向到（111）晶向的择优生长，而这两种生长方向的依赖性与固-液界面张力和 Si 表面张力的分布密切相关，如图 3-5 所示。

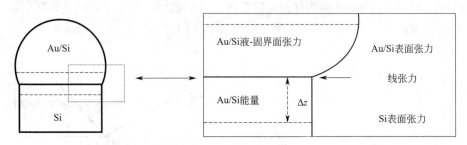

图 3-5　纳米线生长与表面张力之间的关系

纳米线生长的界面自由能（F）可表示如下：

$$F = \Delta z \sigma_s L + \sigma_{is} A \tag{3-12}$$

式中，Δz 为 Si 表面的界面层厚度；σ_s 为 Si 表面能；L 为界面周长；σ_{is} 为液-固界面张力；A 为界面面积。式(3-12) 右边的第一项表示液-固界面的线张力，第二项表示纳米线生长的液-固表面能。上式意味着，通过改变固-液界面能和固体表面能的分布，可以控制纳米线的生长直径。

3.3　纳米线的 VLS 生长动力学

3.3.1　VLS 平衡动力学描述

研究指出，纳米线的 VLS 生长是在一个热平衡动力学条件下实现的。通常，可以将一个平面的液体表面视为参考态，而将具有表面的平衡气体的压强作为参考气压。因此，对于物质 i 而言，在此气压之上的任何气压将产生过饱和，它将导致一个球形液滴的形成，该气压是系统需要维持球形液滴的平衡气压。基于化学势的过饱和与直径为 d 的液滴的形成直接相关，因此有下式：

$$\mu_{i,v}^{eq} = \mu_{i,v}^{\infty} + \frac{4\Omega\alpha}{d} \tag{3-13}$$

式中，$\mu_{i,v}^{eq}$ 为平面界面的化学势；$\mu_{i,v}^{\infty}$ 为球形液滴的化学势；Ω 为球形液滴的体积；α 为平面界面的面积。式(3-13) 表示了某物质 i 从表面界面到球形液滴的化学势的增加量。

图 3-6 示出了液滴形成和纳米线生长与化学势的相关性。其中，图 3-6(a) 所示为平衡的平面液体表面，图 3-6(b) 所示为过饱和状态的液滴形成，图 3-6(c) 所示为纳米线的成核与生长。其过饱和状态可以由下式表示：

$$\mu_{i,V} - \mu_{i,V}^{eq} = (\mu_{i,V} - \mu_{i,V}^{\infty}) - \frac{4\Omega\alpha}{d} \tag{3-14}$$

或

$$\Delta\mu_{i,V} = \Delta\mu_{i,V}^{\infty} - \frac{4\Omega\alpha}{d} \tag{3-15}$$

式中，$\Delta\mu_{i,V}$ 为物质 i 在气相和液滴中化学势的变化；$\Delta\mu_{i,V}^{\infty}$ 为气相和液滴两种参考态的化学势之差。由式(3-14) 可以看出，液滴的气相过饱和与液滴直径有关，将直接影响纳米线的成核与生长速率。

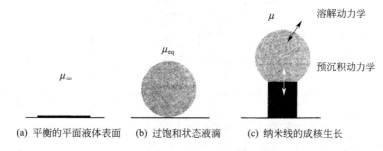

(a) 平衡的平面液体表面　　(b) 过饱和状态液滴　　(c) 纳米线的成核生长

图 3-6　纳米线的生长与化学势的相关性

假定物质 i 在气相中的分解速率与纳米线的生长速率是动力学限制的，那么分解速率与生长速率正比于物质粒子的净碰撞速率 R，它的大小由物质在气相中的分压所决定，而气相中的分压大小又与半径为 r 的球形液滴的平衡分压密切相关。净碰撞速率可以由下式给出：

$$R \propto \left[\frac{p - p^{\infty}\exp(2\sigma_{Vi}\Omega/rkT)}{(2\pi mkT)^{1/2}} \right] \tag{3-16}$$

式中，p^{∞} 为平衡条件下平面表面的分压；Ω 为成核内物质的摩尔体积；σ_{Vi} 为气-液表面张力。

3.3.2　直接碰撞在生长动力学中的作用

我们可以从图 3-7 分析和讨论纳米线的成核与生长速率问题。对于小直径的纳米线生长而言，材料的添加是通过气相中的碰撞而发生的，单中心成核发生在纳米线顶端上合金液滴的外侧。利用液相过饱和可以确定成核尺寸，在液滴中物质 i 分子数的平衡可由液滴中浓度 C 的变化表示，即有[6]：

$$\frac{2}{3}\pi r^3 \frac{dC}{dt} = \pi r^2 x_{VI} J - 2\pi r^2 \frac{2r_1 C}{\tau_i} - \pi r^2 \frac{V_{NW}}{\Omega_m} \tag{3-17}$$

式中，等号右边的第一项表示吸附的分子数；第二项表示解吸的分子数；第三项表示因晶化而导致的分子损耗；x_{VI} 为从气相到液滴分子数的凝聚系数；J 为掺杂通量；r 为纳米线半径；τ_i 为液相表面的分子平均寿命；V_{NW} 为纳米线生长速率；Ω_m 为分子的体积。图 3-7(a) 和（b）分别示出了物质 A 与催化剂间界面的纳米线生长和液-固界面晶体生长的二维成核机理。

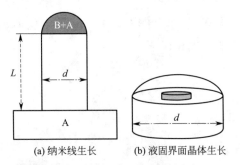

(a) 纳米线生长　　(b) 液固界面晶体生长

图 3-7　物质 A 与催化剂 B 间界面的纳米线生长和固-液界面晶体生长的二维成核机理

依据气相与液相的过饱和差，纳米线生长速率可表示如下：

$$V_{NW} = V_o (\phi - \mu) \tag{3-18}$$

式中，ϕ 为由吸附和解吸过程平衡所确定的气相中的过饱和度；μ 为液相中的过饱和度；V_o 为依赖于平衡浓度、固相与液相中生长物质的分子体积。

对于大直径的纳米线生长，其生长速率则由下式给出：

$$V_{NW} = \exp\left[\frac{-\alpha}{\ln(1+\phi) - \dfrac{D_o}{d}}\right] \tag{3-19}$$

该式表明，纳米线生长速率与各生长参数之间具有一种典型的指数依赖关系。而对于小直径纳米线的生长，其生长速率与各生长参数之间将具有一个复杂的依赖关系：

$$V_{NW} = \frac{x_{VI} Jh}{\pi}\left(\frac{kT}{\alpha_{IS}}\right)^2 \left[\ln\left\{\frac{\beta\alpha^{3/2}}{\left[\ln(1+\phi) - \dfrac{D_o}{d}\right]^{3/2}}\left(\frac{d}{D_o}\right)^2\right\}\left\{\ln(1+\phi) - \frac{D_o}{d}\right\}^2 - \alpha\left\{\ln(1+\phi) - \frac{D_o}{d}\right\}\right]$$

$$\tag{3-20}$$

式中，x_{VI} 为液体表面的凝聚系数；d 为纳米线直径；J 为液滴表面气相中的分子通量；h 为单层台阶高度；β 为常数；α 为与液-固界面能相关的无量纲参量；D_o 为固-气和液-气界面的表面能差。式(3-19) 和式(3-20) 表示了限制纳米线生长的液-固界面的作用，这是一个典型的直接碰撞控制生长。

3.3.3　表面扩散在生长动力学中的作用

下面讨论吸附原子的扩散在纳米线生长中所起的作用。图 3-8 为纳米线生长的示意图，该生长过程假定金属粒子是半球状的，生长物质仅扩散到纳米线表面和顶部。在这种情形下，衬底表面吸附原子的密度随时间的变化为[7]：

$$\frac{\partial n_{\mathrm{s}}}{\partial t}=D_{\mathrm{s}}\,\boldsymbol{\nabla}^{2}n_{\mathrm{s}}-\frac{n_{\mathrm{s}}}{\tau_{\mathrm{s}}}+R_{\mathrm{s}} \tag{3-21}$$

式中，n_{s} 为在衬底表面吸附的原子密度；t 为时间；D_{s} 为吸附原子在衬底表面的扩散系数；τ_{s} 为衬底表面吸附原子的平均扩散寿命；R_{s} 为衬底表面吸附原子的有效碰撞速率。

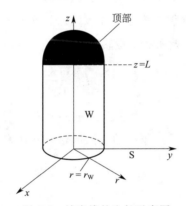

图 3-8　纳米线的生长示意图

更进一步，纳米线表面吸附原子密度可由下式给出：

$$\frac{\partial n_{\mathrm{W}}}{\partial t}=D_{\mathrm{W}}\frac{\partial^{2}n_{\mathrm{W}}}{\partial z^{2}}-\frac{n_{\mathrm{W}}}{\tau_{\mathrm{W}}}+R_{\mathrm{W}} \tag{3-22}$$

式中，t 为纳米线生长时间；z 为纳米线生长量；n_{W} 为纳米线表面吸附原子的密度；D_{W} 为纳米线表面吸附原子的扩散系数；τ_{W} 为纳米线表面吸附原子的扩散平均寿命；R_{W} 为纳米线表面吸附原子的有效碰撞速率。

如果引入吸附原子流通量 J，则纳米线的生长速率可表示为：

$$\frac{\mathrm{d}J}{\mathrm{d}t}=\frac{2\Omega R_{\mathrm{W}}\lambda_{\mathrm{W}}}{r_{\mathrm{W}}}\tanh\left(\frac{L}{\lambda_{\mathrm{W}}}\right)-\frac{2\Omega J_{\mathrm{sw}}}{r_{\mathrm{W}}\cosh\left(\dfrac{L}{\lambda_{\mathrm{W}}}\right)}+2\Omega R_{\mathrm{top}} \tag{3-23}$$

式中，L 为纳米线长度；Ω 为分子体积；J 为纳米线表面吸附原子流通量；λ_{W} 为纳米线表面吸附原子的扩散长度；J_{sw} 为衬底到纳米线的吸附原子通量；

R_{top} 为金属催化粒子的材料添加量；r_W 为纳米线的半径。在式（3-23）中，等式右边的第一项表示直接扩散到纳米线的物质；第二项表示物质从表面到纳米线的吸附扩散；第三项表示直接沉积到金属粒子的物质。当 $L \gg \lambda_W$ 时，表面扩散的作用不是有效的，此时生长速率可表示如下：

$$\frac{dJ}{dt} = 2R\left(1 + \frac{\lambda_W}{r_W}\right) \tag{3-24}$$

3.3.4　表面扩散在金属液滴中的作用

以上分析和讨论了吸附原子在纳米线表面和衬底表面扩散的作用，但没有考虑吸附原子在金属液滴表面的扩散作用。然而，金属催化剂表面的物质，或是沿其液滴表面迁移，或是通过液滴内部发生扩散，这些过程都对纳米线生长起着一个十分重要的作用。可以采用一维扩散模型描述吸附原子在合金液滴中的扩散过程，如图3-9（a）所示[8]。通过液-固界面的质量转移速率 g_s 可由下式表示：

$$g_s = -\pi r D_s \frac{dC_s}{dy} \tag{3-25}$$

式中，r 为晶须的半径；D_s 为表面扩散系数；C_s 为液相表面生长物质的浓度；y 为纳米线半径增量。吸附原子的表面质量转移速率 g_b 可由下式给出：

$$g_b = -\pi \left(\frac{r}{2}\right)^2 D_b \frac{dC_b}{dy} \tag{3-26}$$

式中，D_b 为液滴内部的扩散系数；C_b 为液滴内部生长物质的浓度。由式（3-25）和式（3-26）可以清楚地看到，两种质量转移过程都密切依赖于纳米线直径、液滴中生长物质的浓度以及吸附原子的扩散速率。除此之外还应注意到，对于小直径的纳米线和低溶解度的合金液滴而言，发生在表面的质量转移过程起主导作用。

由图 3-9（b）可以看到，在合金液滴与晶须之间有一个颈部区域。由于该区域的化学势低于平坦的表面，因而化学势是降低的，式（3-27）给出了这一变化关系：

$$\Delta \mu_1 = \gamma_{IV} \Omega \left(\frac{1}{\rho} + \frac{1}{x}\right) \tag{3-27}$$

式中，γ_{IV} 为液-气界面的表面能；ρ 和 x 为界面弯曲的理论半径。

由于液滴的化学势高于颈部，其增加量可由下式表示：

$$\Delta \mu_2 = \gamma_{IV} \Omega \frac{2}{r} \tag{3-28}$$

式中，r 为液滴的半径。对于从液滴到颈部的物质传输，由于化学势的降低将产生一个扩散驱动力。此时，液滴表面的扩散也将对纳米线的生长和形貌产生一个重要作用。

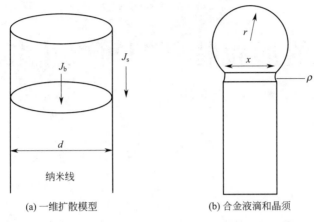

(a) 一维扩散模型　　　　(b) 合金液滴和晶须

图 3-9　吸附原子在液滴中的扩散与纳米线的形成

参考文献

［1］ Meyyappan M，Sunkara M K. 材料科学与应用进展. 无机纳米线：应用、性能和表征. 北京：科学出版社，2012.

［2］ 彭英才，赵新为. 气-液-固法在半导体纳米线生长中的应用. 功能材料与器件学报，2008，14: 864.

［3］ Chandrasekaran H I. Rationalization of Nanowire Synthesis Using Low Melting Point Metals. J Phys Chem B，2006，110: 18351.

［4］ 唐元洪. 硅纳米线及硅纳米管. 北京：化学工业出版社，2006.

［5］ Schmidt V，Senz S，Gosele U. Diameter-Dependent Growth Direction of Epitaxial Silicon Nanowires. Nano Lett，2005，5: 931.

［6］ Dubrovskii V，Sibirev N，Girlin G. Kinetic Model of the Growth of Nanodimensional Whiskers by the Vapor-Liquid-Crystal Mechanism. Tech Phys Lett，2004，30: 682.

［7］ Johansson J，Svensson P T，Martensson T，et al. Mass Transport Model for Semiconductor Nanowire Growth. J Phys Chem B，2005，109: 13567.

［8］ Hongyu W，Gary S F. Role of Liquid Droplet Surface Diffusion in the Vapor-Liquid-Solid Whisker Growth Mechanism. J Appl Phys，1994，76: 1557.

第4章
纳米线的形貌特征与可控生长

前面章节已指出，纳米线是典型的准一维纳米结构。纳米线的沉积、合成与生长除了与工艺条件直接相关之外，还受其他多种因素的限制与影响。可以说，纳米线生长自身是一个十分复杂的热力学与动力学过程，这就使所形成的纳米线呈现出形态各异的形貌特征，如垂直排列纳米线、交叉网络纳米线、絮状缠绕纳米线、分支分叉纳米线、针形棒状纳米线以及超长纳米线等。纳米线的形成究竟与哪些具体因素密切相关以及能否实现人们预期的可控生长，是不可回避而又要给出明确回答的问题。

本章首先简要介绍纳米线形貌特征与生长工艺之间的相关性，然后重点介绍几种主要形貌的纳米线，最后讨论纳米线的可控生长问题。

4.1 纳米线形貌特征与生长工艺之间相关性的唯象描述

纳米线的形貌特征与生长工艺之间有密不可分的关联性。金属催化剂的种类与性质、环境气压、衬底温度以及生长时间等，都可以显著影响所生长纳米线的形貌。从定量角度描述纳米线的形貌特征与生长工艺之间的相互关联性无疑是困难的，但是我们可以定性地唯象描述二者之间的关系。下面，将以 Si 纳米线的生长为例进行简单分析与讨论。

4.1.1 金属催化剂的影响

诸多实验结果业已证实，在金属催化的 VLS 生长机制中，金属催化剂对纳米线的生长有至关重要的影响：一方面它直接控制着所合成纳米线的直径与密度分布；另一方面在所沉积纳米线的末端一般总伴随着球状颗粒的存在，其颗粒直径略大于纳米线直径。除此之外，有时还可以观测到金属颗粒位于纳米线中间的情况。例如，对以 Fe 作为金属催化剂，采用激光烧蚀沉积的 Si 纳米线而言，就明显观察到了在 Si 纳米线中间存有 Fe 颗粒的情形，如图 4-1 所示。这一方面是由于衬底表面上有一些较大 $FeSi_2$ 合金颗粒的存在；另一方面则是由于环境气氛中有足够数量的 Si 原子供给，因而有可能在同一液滴合金表面上沿两个不同方向生长 Si 纳米线。当 $FeSi_2$ 液滴凝固之后，$FeSi_2$ 颗粒将会位于 Si 纳米线中间[1]。

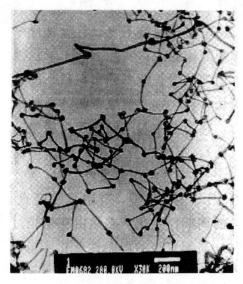

图 4-1　Fe 催化生长 Si 纳米线的 TEM 像

4.1.2　生长速率的影响

理论研究指出，在理想的热平衡条件下，衬底表面上各处的晶体生长速率应该是相同的，所合成的纳米线应该垂直有序分布，而且没有晶格缺陷。然而，一个实际的纳米线生长过程却是非平衡的，其中存在着诸多因素的干扰，如热涨落、组分涨落、浓度涨落以及固相与液相之间的相对运动等，这就使得衬底表面上各处的生长速率不均匀，从而造成纳米线向生长速率低的一侧发生弯曲。如果在纳米线的生长过程中，衬底表面上的不均匀生长速率保持不变，且在生长面的切线方向有一定分量，则会形成等螺距的纳米线。但是，由于其他因素的不断变化，又将会形成具有复杂形状的螺旋线。如果不均匀的生长速率在较短时间间隔内出现，则会形成扭折形的纳米线。若上述间隔时间更长一些，那么又会出现弯曲形的纳米线。除此之外，有时还可以实验观测到在某一合金液滴表面上同时呈现出多根纳米线生长或分支分叉的纳米线生长现象[2]。图 4-2 的（a）、（b）和（c）分别示出了螺旋形、链形和多点成核延伸 Si 纳米线的 TEM 像。

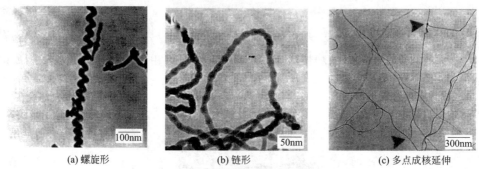

(a) 螺旋形　　　　　　　　　(b) 链形　　　　　　　　　(c) 多点成核延伸

图 4-2　几种特殊 Si 纳米线的 TEM 形貌特征

4.1.3　环境气压的影响

仍以 Fe 催化 Si 纳米线的生长为例加以说明。当环境高压较低时，生长区域中的 $FeSi_2$ 核数量较少，核与核之间碰撞概率较小，故进入该区域中的 $FeSi_2$ 液滴尺寸较小，而且液滴尺寸分布均匀，这就使所生长的 Si 纳米线直径比较均匀。当环境气压高时，$FeSi_2$ 核除了通过吸收气相中的 Si 与 Fe 原子长大之外，还可以通过核与核之间的碰撞聚合而长大，所以使得生长的 Si 纳米线直径增加且分布不够均匀。当环境气压足够高时，在纳米线产物中可观测到直径呈周期性变化的情形，这是由于生长过程中 $FeSi_2$ 液滴尺寸的自激振荡造成的。环境气压越高，过饱和度随液滴尺寸变化越陡，液滴自激振荡越显著。图 4-3 示出了当环境气压变化时，Si 纳米线呈周期变化的现象。

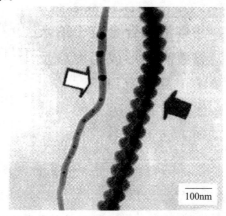

图 4-3　直径呈周期变化的 Si 纳米线

4.2 具有各种形貌特征的纳米线

4.2.1 垂直排列纳米线

所谓垂直排列纳米线就是与衬底表面相互垂直的类芦苇或竹子生长的有序纳米线阵列。She 等[3]采用微波等离子体化学气相沉积方法，在 Si 衬底表面上合成了 Si 纳米线，其直径在 10~40nm 之间，长度为 1~1.2μm。图 4-4(a) 示出了该纳米线的扫描电子显微镜（SEM）照片。由图可以看出，所生长的纳米线均垂直于 Si 片表面，典型的纳米线密度为 $10^9\,cm^{-2}$。Zheng 等[4]基于 Au 催化的 VLS 生长在 SiO_2 衬底上合成了具有垂直排列的 Ge 纳米线，图 4-4(b) 示出了生长 60min 后的 Ge 纳米线 SEM 像，均匀有序分布的 Ge 纳米线直径为 50~80nm。由图可以看到，每条纳米线顶端都有一个直径与所连接的纳米线直径相当的 Au 纳米颗粒，其中的内插图（单根 Ge 纳米线）更清楚地显示出了金属催化 VLS 生长机制的这一典型特征。Pan 等[5]采用定向排列的 C 纳米管与 SiO 的化合反应，已成功制备出了高密度的垂直排列 SiC 纳米线。该纳米线的直径在 10~40nm 之间，长度为 2μm，纳米线沿（111）方向生长，具有立方 β-SiC 结构特征，图 4-4(c) 示出了其 SEM 像。Zhong[6]以 Ni 为金属催化剂和以 Mg_3N_2 和 Ga 为原料，在晶向为（0001）的 c-蓝宝石衬底上合成了垂直排列的 GaN 纳米线，图 4-4(d) 为其 SEM 照片。易于看出，该纳米线具有很好的准直性，其直径为 20~100nm，长度为 10~40μm，纳米线顶端均有 Ni 催化剂颗粒的存在。用于染料敏化太阳电池光阳极的 ZnO 纳米线阵列已由 Desal 等的研究小组利用液相沉积方法制备成功[7]，图 4-4(e) 示出了其 SEM 照片，直径为 150~200nm，长度为 12μm，纳米线阵列与衬底表面呈现出很好的垂直分布特征。由该 ZnO 纳米线阵列作为光阳极所制作的太阳电池获得了 1.7％的能量转换效率。Bazargan 等[8]采用激光烧蚀沉积方法制备了具有良好场发射特性的 SnO_2 纳米线。由图 4-4(f) 所示的 SEM 照片可以看出，所合成的 SnO_2 纳米线直径为 60~90nm，长度为 1~15μm。在 3V/μm 的开启电场条件下，所获得的场发射增强因子为 2.6×10^4。

4.2.2 交叉网络纳米线

在各种形态的纳米线中，交叉网络纳米线是最为典型的一种，它是由纵横交叉方式形成的不规则网络状纳米线。Duan 等[9]以含有 Au（为金属催化剂）的

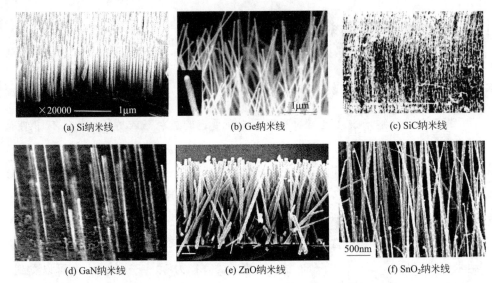

(a) Si纳米线　　　　　　(b) Ge纳米线　　　　　　(c) SiC纳米线

(d) GaN纳米线　　　　　　(e) ZnO纳米线　　　　　(f) SnO₂纳米线

图 4-4　各种垂直排列纳米线的 SEM 形貌特征

$(GaAs)_{0.95}Au_{0.5}$ 原料为靶材，采用激光烧蚀方法获得了高密度的交叉 GaAs 纳米线。纳米线的直径为 10nm，长度可达 $10\mu m$ 以上，而且在 GaAs 纳米线的顶端有 Au 的纳米颗粒存在，图 4-5(a) 示出了该纳米线的 SEM 照片。Lun[10] 以 NiO 作为催化剂，并采用热化学气相沉积方法在氧化铝衬底上制备出了 GaN 纳米线，如图 4-5(b) 所示。可以看出，纳米线具有纵横交错的形貌特征。纳米线的直径为 50～60nm，长度可达几百微米。选区电子衍射（SAED）图像证实，GaN 纳米线是沿（100）方向生长的，纳米线中没有任何缺陷，这表明所合成的纳米线具有很高的结晶质量。高密度交叉的 ZnO 纳米线已由 Zhang 等[11] 在 Si（100）衬底上合成。当衬底温度为 600℃时，采用化学气相传输生长的 ZnO 纳米线平均直径为 40nm，长度为 $2～6\mu m$，图 4-5(c) 示出了其 SEM 像。从其中的插图可以看出，单晶纳米线呈六角形平面，表明 ZnO 纳米线是沿（0001）方向生长的。Dai 等[12] 利用真空热蒸发方法，以 SnO 或 SnO_2 粉末为原料，在 1000℃温度条件下合成了高质量 SnO_2 纳米带，如由图 4-5(d) 所示。其纳米带直径为 30～20nm，长度在几百微米到几毫米之间。纳米带的表面是平整的，且具有原子尺寸的陡峭性。Zhang 等[13] 在 300℃温度下流动的 Ar 和 H_2 气氛中蒸发块状 Ga_2O_3 粉体靶获得了 Ga_2O_3 纳米线，图 4-5(e) 示出了其 TEM 像，其线长度可达数百微米。选区电子衍射分析证实，Ga_2O_3 纳米线具有纳米晶的性质，并且具有单斜晶系 β-Ga_2O_3 结构。其纳米线的直径分布不够均匀，最宽的直径约为 100nm，最窄的直径为 20nm。Sun 等[14] 以 GeTe 粉体为原料，以 Au 为金属催化剂，在 Si（100）衬底上生长了

GeTe 纳米线，其 SEM 照片如图 4-5(f) 所示。其纳米线直径在 40～80nm 之间，长度为几十微米。其生长机制为典型的金属催化 VLS 生长，这一结果可以从每个纳米线的顶端有金属合金颗粒的存在而得以证实。

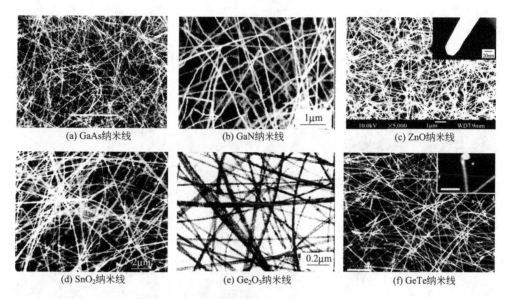

(a) GaAs纳米线 (b) GaN纳米线 (c) ZnO纳米线

(d) SnO₂纳米线 (e) Ge₂O₃纳米线 (f) GeTe纳米线

图 4-5　各种交叉网络纳米线的 SEM 形貌特征

4.2.3　絮状缠绕纳米线

与垂直排列型纳米线和交叉网络型纳米线有所不同，絮状缠绕型纳米线是一种类似于棉絮或蚕丝以相互缠绕方式而形成的一维纳米结构。Fukata 等[15]以 Ni 为金属催化剂，通过在 Ar 气氛中激光烧蚀 $Si_{99.5}(Ni_2P)_{0.5}$ 粉体靶，成功制备了高密度缠绕的掺 P 的 Si 纳米线，图 4-6(a) 示出了其 TEM 像。由图可以看出，平均直径为 5～7nm 的 Si 纳米线是错综纷乱地相互缠绕在一起的。以 Ge 粉末作为原料，采用溶胶-凝胶法在 Au/SiO_2 衬底上合成了平均直径为 50～80nm、长度为几十微米的宏量 Ge 纳米线。由图 4-6(b) 所示的高分辨率 TEM 照片可以看出，纳米线不仅在衬底表面上生长，而且也有相当数量的纳米线从侧面生长出来，因而呈现出密集缠绕的纳米线结构。Wang 等[16]采用活性炭与精细 SnO_2 粉末在 700℃温度下制备出了 SnO_2 纳米线，图 4-6(c) 示出了其 SEM 像。所生长的纳米线直径在 20～600nm 之间，长度为几十微米到几百微米，所有的 SnO_2 纳米线都是光滑的。由图可以看到，大量的纳米线紧密地缠绕在一起。图 4-6(d) 示出了类棉絮状的 GaN 纳米线的 SEM 像，其纳米线直径为 30～50nm，而长度较短，仅有 1～2μm[17]。以

Au 作为催化剂和以 ZnS 粉体作为原料，在 900℃温度下基于 VLS 机制合成的 ZnS 纳米线的 SEM 像示于图 4-6(e) 中，这种类絮状物的纳米线直径为 30～60nm。能量损失谱（EDS）的测试结果指出，该纳米线是化学计量的，并呈现出蓝色发光特性，其发光峰在 450nm 附近[18]。Huang 等[19]在 Si 衬底上沉积了 5nm 厚的 Au 膜，并以此为金属催化剂生长出了直径为 80～120nm、长度为 10～20μm 的缠绕型纳米线，其 SEM 像如图 4-6(f) 所示。纳米线的生长取向混乱无序，完全呈随机性分布。

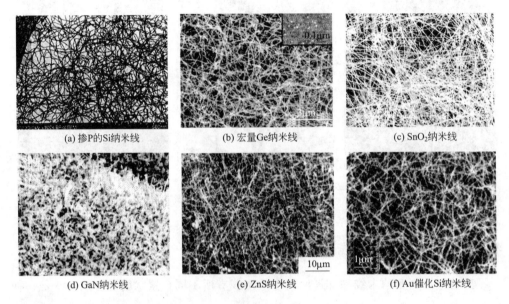

(a) 掺P的Si纳米线   (b) 宏量Ge纳米线   (c) SnO₂纳米线

(d) GaN纳米线   (e) ZnS纳米线   (f) Au催化Si纳米线

图 4-6   各种缠绕絮状纳米线的 SEM 特征

4.2.4 分支分叉纳米线

以上所介绍的几种类型的纳米线，尽管其形貌不尽相同，但它们都是从衬底表面上直接合成与生长的。如果纳米线除了从衬底上直接生长之外，中途又在主干纳米线上分出若干直径更小的纳米线，或者一开始从衬底上就有类似草丛状的纳米线生长，我们就称这类纳米线为分支或分叉型纳米线。Sinha 等[20]以 Fe 为催化剂，采用激光烧蚀方法沉积生长了 Si 纳米线，其 TEM 照片如图 4-7(a) 所示。由图可以看到，Si 纳米线呈现树枝状结构。主干纳米线从 Fe-Si 合金液滴中长出，少数纳米线构成第一支干，其他的则组成第二、第三支干。这是因为 Fe-Si 共熔液滴成核后，不断从气相中吸收共熔液滴中的 Si 原子并达到过饱和状态，然后 Si 原子不断地析出就形成了 Si 纳米线。如果改变载气流量，使温度突然不稳定，将会产生树枝状纳米线。从高温合成的 SnO_2 纳米线中同样也观察到了分支纳米线的形成，如图 4-7(b) 所示[21]。由图可以看出，在一些主干 SnO_2 纳米线上生长出了另一根分支纳米线，此后又在这根分支纳米线上生长出了更细的纳米线。这些纳米线是通过一些交叉点连接起来的，形成了交叉网络结构。McCune 等[22] 报道了分支 ZnO 纳米线的生长，图 4-7(c) 示出了这种类树枝状纳米线的 SEM 形貌。实验指出，在 ZnO 纳米线生长的同时，主干纳米线上的一些 ZnO 微粒将会成为新的晶核，正是这些晶核导致了新的分支纳米线生长。这种过程不断重复，就会形成如图 4-7(c) 所示的枝叶状结构。用于光电化学太阳电池的 CuO 纳米线已由 Qian 等利用水热法制备成功[23]，如图 4-7(d) 所示。可以看到，该纳米线也呈现出类似树叶状结构，线与线之间相互交叉。其典型的纳米线形状呈竹叶状，这一点从内插图中看得更加清楚。

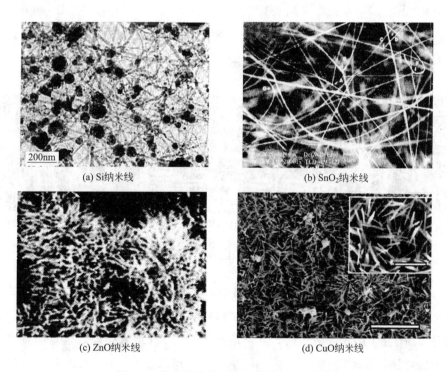

(a) Si纳米线

(b) SnO₂纳米线

(c) ZnO纳米线

(d) CuO纳米线

图 4-7　各种分支分叉纳米线的 SEM 形貌

4.3　纳米线的可控生长

从器件的应用角度而言，制备生长取向一致、直径分布匀称和密度分布适中的各种纳米线，一直是人们所致力追求的目标。但是，由于纳米线的生长受诸多因素影响，故实现均匀有序的纳米线生长并不是一件容易的事情。尽管如此，人们仍进行了大量的有益探索，并取得了初步成效。

4.3.1 纳米线生长方向的控制

在长期的实验研究中人们发现，通过采用具有不同晶面的单晶衬底材料，可以实现具有确定生长方向的纳米线制备。Piccin 等[24]以 Au 作为催化剂并采用分子束外延工艺在 GaAs 和 SiO₂ 衬底上合成了 GaAs 纳米线，图 4-8 示出了在 590℃温度所生长本征 GaAs 纳米线的 SEM 图像。其中，图 4-8(a) 是在 SiO₂ 衬底上得到的 GaAs 纳米线，其平均直径为 100nm、长度为几微米，可以看出纳米线生长方向是完全无序的。而在 GaAs（100）衬底表面上所生长的 GaAs 纳米线，则具有明显的择优生长方向，其纳米线平均长度为 $1\sim2\mu m$，如图 4-8(b) 所示。而在 GaAs（111）B 面上生长的 GaAs 纳米线具有规则的垂直排列特征，其形状类似于圆柱体，纳米线的直径在 $20\sim80nm$ 之间，而且纳米线密度较高。

(a) 以SiO₂为衬底　　　(b) 以GaAs(100)为衬底　　　(c) 以GaAs(111)B面为衬底

图 4-8　在不同衬底表面上生长的 GaAs 纳米线的 SEM 像

与此同时，Cai 等[25]以 Au 为催化剂，也采用 MBE 方法在具有不同晶面的 GaAs 衬底上生长了 ZnSe 纳米线。结果表明，在（001）、（110）和（111）三种晶面衬底上所生长的 ZnSe 纳米线，其末端都残留有 Au 纳米微粒，这意味着它是一种典型的金属催化 VLS 生长机制。由图 4-9(a) 可以看出，在 GaAs（001）衬底表面形成的纳米线呈现出两个生长方向，二者之间的夹角约为 35°，平均纳米线直径小于 10nm。而在 GaAs（110）衬底表面上形成的纳米线是严格垂直于其表面的，纳米线直径约为 10nm，如图 4-9(b) 所示。而在 GaAs（111）面上形成的纳米线则是沿着（111）方向生长的，其纳米线平均直径小于 20nm，长度也较短，呈现出纳米棒的形貌特征，如图 4-9(c) 所示。

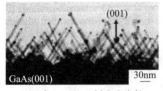

(a) 在GaAs(001)衬底上生长

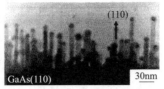

(b) 在GaAs(110)衬底上生长

(c) 在GaAs(111)衬底上生长

图 4-9 在不同晶面 GaAs 衬底上生长的 ZnSe 纳米线的 SEM 像

4.3.2 纳米线生长直径的控制

对于由金属催化 VLS 机制生长的纳米线来说,其生长直径一般可以通过控制金属催化剂层厚得以实现。例如,Hiruma 等[26]以具有不同膜层厚度的 Au 为催化剂,以 AsH_3/TMGa 为源气体,采用 MOCVD 方法在 Si 掺杂的 GaAs (111) 衬底表面上生长了 GaAs 纳米线。当 Au 膜厚度为 0.1nm 时,其 Au 微粒尺寸为 8~30nm,在此膜厚的金属催化作用下合成的 GaAs 纳米线与衬底表面是不垂直的,纳米线平均直径为 20~30nm,其 SEM 像如图 4-10(a) 所示。当 Au 膜厚度增加到 1nm 时,Au 纳米微粒的直径为 10~40nm,此时所合成 GaAs 纳米线是与衬底表面严格垂直的,纳米线直径为 70~80nm,其 SEM 形貌如图 4-10(b) 所示。更进一步,如果 Au 膜厚度增加到 10nm,则 Au 粒子直径 50~80nm,此条件下所生长的 GaAs 纳米线直径也迅速增加,可达 70~400nm,而且纳米线也呈现出很好的垂直排列特性,其形貌特征如图 4-10(c) 所示。

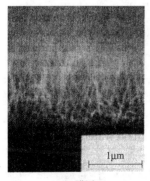

(a) Au膜厚0.1nm

(b) Au膜厚1nm

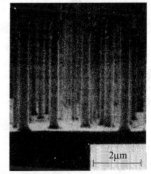

(c) Au膜厚10nm

图 4-10 在具有不同厚度 Au 膜催化剂上生长 GaAs 纳米线的 SEM 像

通过控制工艺条件也可以实现纳米线的可控生长。例如,Chen[27]等首先在 p-Si 衬底上制备了掺 Al 的 ZnO 缓冲层,然后在该缓冲层上通过溅射由 ZnO 和

Al_2O_3 合成的复合靶制备了 ZnO 纳米线。实验结果指出，其纳米线直径强烈依赖于衬底温度和反应气压等工艺条件。例如，当衬底温度为 680℃、反应气压为 100mbar（$1mbar=10^2Pa$ 时），所制备的纳米线平均直径为（74 ± 38）nm，平均长度为（1.2 ± 0.2）μm。随着反应气压和衬底温度的同时增加，当衬底温度为 710℃ 和反应气压为 200mbar 时，所制备的纳米线直径增加到（129 ± 51）nm，长度为（2.2 ± 0.2）μm。如果再进一步增加衬底温度，而使反应气压保持不变，在这种工艺条件下合成的 ZnO 纳米线直径将迅速增加到（374 ± 134）nm，而长度会增加到（6.0 ± 0.2）μm。这说明反应气压对纳米线直径的影响也是显而易见的。图 4-11（a）、（b）和（c）分别示出了在以上三种工艺条件下制备的 ZnO 纳米线的 SEM 像。

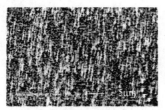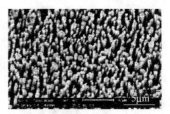

(a) 680℃,100mbar　　　　(b) 710℃,200mbar　　　　(c) 温度升高,200mbar

图 4-11　在不同反应气压条件下生长的 ZnO 纳米线的 SEM 像

4.3.3　纳米线生长长度的控制

研究指出，在其他工艺条件不变的情形下，为了增加纳米线的长度可通过延长生长时间而实现。Hsu 等[28]以 Ni 为金属催化剂，并采用热化学沉积方法在 Si（100）衬底上合成了 Si 纳米线，图 4-12 示出了其 SEM 像。由图 4-12(a) 可以看出，当生长时间为 30s 时，纳米线长度很短，其直径为 8nm、长度小于 $1\mu m$，而且很多 Ni-Si 合金液滴中还未发现有 Si 纳米线形成。当生长时间增加到 180s 时，Si 纳米线平均直径增加到 14nm、长度小于 $10\mu m$，而且线密度开始增加，如图 4-12(b) 所示。而当生长时间为 300s 时，Si 纳米线的平均直径达 20nm、长度大于 $10\mu m$，而且密度急剧增加，所合成的纳米线呈典型的絮状缠绕型特征，如图 4-12(c) 所示。

文献［29］以 Au 膜为金属催化剂，采用 SLS 方法在 Si 衬底上生长了 Si 纳米线。图 4-13(a)、（b）和（c）所示为在退火温度为 1100℃、N_2 保护气体流量为 1.5L/min、Au 膜厚度为 $10\mu m$，以及生长时间分别为 5min、20min 和 60min 所得到的 Si 纳米线 SEM 形貌。由图 4-13(a) 可以看出，当生长时间为 5min 时，Si 片表面只有极少量的 Si 纳米线出现，而大部分的 Au-Si 液滴合金并未参与 Si 纳米线

(a) 30s　　　　　　(b) 180s　　　　　　(c) 300s

图 4-12　采用 CVD 方法在不同时间下生长 Si 纳米线的 SEM 像

的生长。当生长时间增加到 20min 时，在 Si 表面上观测到了一定数量 Si 纳米线的形成，但纳米线长度不一，而且分布不够均匀，如图 4-13(b) 所示。而当生长时间为 60min，分布有序的 Si 纳米线长度可达几十微米，甚至更长，如图 4-13(c) 所示。

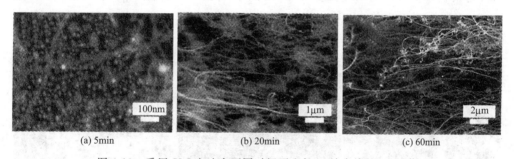

(a) 5min　　　　　　(b) 20min　　　　　　(c) 60min

图 4-13　采用 SLS 方法在不同时间下生长 Si 纳米线的 SEM 像

4.3.4　纳米线生长形貌的控制

环境载气对纳米线形貌特征也有不可忽略的影响。Wang 等[30]实验研究了不同环境载气对 Si 纳米线形貌的影响。他们分别以 He、Ar/H$_2$ 和 N$_2$ 为载气，采用准分子激光烧蚀方法合成了 Si 纳米线，图 4-14 所示为生长的 Si 纳米线 TEM 像。由图 4-14(a) 可以看出，当采用 He 作载气时获得了直径较粗的卷曲纳米线，这些线相互缠绕在一起，而且在纳米线末端一般均有 Ni 纳米粒子存在。当以 Ar/H$_2$ 为载气时，所合成的纳米线为交叉网络型，虽然纳米线直径更均匀，但长度显著增加，如图 4-14(b) 所示。而对于在 N$_2$ 气氛中获得的 Si 纳米线，可以看到直径为 9nm 到几百纳米不等的球形纳米颗粒共存于 Si 纳米线之中，这些球形颗粒由晶体硅与无定形氧化硅构成。大部分 Si 纳米线由直线结构和光滑卷曲结构组成，而有些纳米线含有弯曲与扭折结构，如图 4-14(c) 所示。

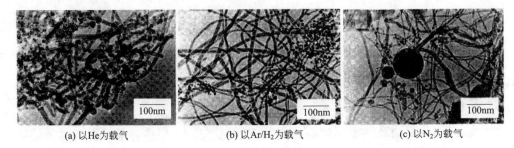

(a) 以He为载气　　　(b) 以Ar/H₂为载气　　　(c) 以N₂为载气

图 4-14　在不同载气条件下获得的 Si 纳米线 SEM 像

Li 等[31] 以 CH₄ 气体为反应气源，以 Si 与 SiO₂ 粉体混合物作为起始材料，在 Si 与石墨衬底上于1250℃温度下合成了 β-SiC 纳米线。图 4-15(a) 为在石墨衬底上在无金属催化剂条件下合成的 SiC 纳米线，可以看出纳米线混乱无序，呈毛毡状。图 4-15(b) 是在 Si 衬底上和无金属催化剂条件下形成的 SiC 纳米线，显而易见纳米线为絮状缠绕型，纳米线长度为几十微米。而在 Ni 催化作用下于石墨衬底上制备的 SiC 纳米线，呈现出典型的交叉网络型，纳米线直径趋于均匀一致，如图 4-15(c) 所示。

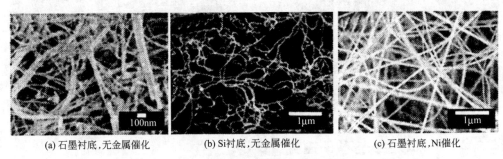

(a) 石墨衬底,无金属催化　　(b) Si衬底,无金属催化　　(c) 石墨衬底,Ni催化

图 4-15　在不同衬底表面上生长的 SiC 纳米线 SEM 像

参考文献

[1]　唐元洪. 硅纳米线及纳米管. 北京：化学工业出版社，2006.

[2]　冯孙齐，俞大鹏，张洪洲，等. 一维硅纳米线的生长机制及其量子效应研究. 中国科学（A辑），1999，29: 921.

[3]　She J C，Deng S Z，Xu N S，et al. Fabrication of Vertically Aligned Si Nano-Wires and Their Application in a Gated Field Emission Device. Appl Phys Lett，2006，88: 013112.

[4]　Zheng W P，Sheng D，Douglas H L，et al. Straight Single-Crystalline Germanium Nanowires and Their Patterns Grown on Sol-Gel Prepared Gold/Silica Substrates. Solid State Commun，2005，134: 251.

［5］ Pan Z，Lai H L，Au F C K，et al. Oriented Silicon Carbide Nanowires：Synthesis and Field Emission Properties. Adv Mater，2000，12: 1186.

［6］ Zhong Z，Qian F，Wang D，et al. Synthesis of p-type Gallium Nitride Nanowires for Electronic and Photonic Nanodevices. Nano Lett，2003，3: 343.

［7］ Desal U Y，Xu C K，Wu J M，et al. Solid-State Dye-Sensitized Solar Cells Based on Ordered ZnO Nanowire Arrays. Nanotechnology，2012，23: 20540.

［8］ Bazargan S，Thomas J P，Leung K T. Magnetic Interaction and Conical Self-Reorganization of Aligned Tin Oxide Nanowire Array Under Field Emission Conditions. J Appl Phys，2013，113: 234305.

［9］ Duan X F，Wang J F，Lieber C M. Synthesis and Optical Properties of Gallium Arsenide Nanowires. Appl Phys Lett，2000，76: 1116.

［10］ Lun S C，Cha O H，Suh E K，et al. Catalytic Synthesis and Photoluminescence of Gallium Nitride Nanowires. Chem Phys Lett，2003，367: 136.

［11］ Zhang Y，Yu K，Jiang D，et al. Zine Oxide Nanorod and Nanowire for Humidity Sensor. Appl Surf Sci，2005，242: 212.

［12］ Dai Z R，Pan Z W，Wang Z L，et al. Ultra-Long Single Crystalline Nanoribbons of Tin Oxide. Solid State Commun，2001，118: 351.

［13］ Zhang H Z，Kong Y C，Wang Y Z，et al. Ga_2O_3 Nanowires Prepared by Physical Evaporation. Solid State Commun，1999，109: 677.

［14］ Sun X H，Yu B，Ng G，et al. One-Dimensional Phase-Change Nanostructure：Germanium Telluride Nanowire. J Phys Chem C，2006，111: 2421.

［15］ Fukata N，Chen J，Sekiguchi T，et al. Phosphorus Doping and Hydrogen Passivation of Donors and Defects in Silicon Nanowires Synthesized by Laser Ablation. Appl Phys Lett，2007，90: 153117.

［16］ Wang J X. Liu D F，Yan X Q，et al. Growth of SnO_2 Nanowires with Uniform Branch Structures. Solid State Commun，2004，130: 89.

［17］ Deepak F L. Covindaraj A，Rao C N J. Single Crystal GaN Nanowires. J Nanosci Nanotech，2001，1: 303.

［18］ Wang Y，Zhang L，Liang C，et al. Catalytic Growth and Photoluminescence Properties of Semiconductor Single-Crystal ZnS Nanowires. Chem Phys Lett，2002，357: 314.

［19］ Huang M H，Mao S，Feick H，et al. Room-Temperature Ultraviolet Nanowire Nanolasers. Science，2001，292: 1897.

［20］ Sinha S. Gao B，Zhou O. Synthesis of Silicon Nanowires and Novel Nano-Dendrite Structures. J Nanoparticle Research，2004，6: 421.

［21］ 马洪磊，薛成山. 纳米半导体. 北京: 国防工业出版社，2009.

［22］ McCune M，Zhang W，Deng Y L. High Efficiency Dye-Sensitized Solar Cells Based on Three-Dimensional Multilayered ZnO Nanowire Arrays with "Caterpillarlike" Structure. Nano Lett，2012，12: 3656.

［23］ Qian F，Wang G M，Li Y. Solar-Driven Microbial Photoelectrochemical Cells with a Nanowire Photocathode. Nano Lett. 2010，10: 4686.

［24］ Piccin M，BaiS G，Grillo V，et al. Growth by Molecular Beam Epitaxy and Electrical Characterization of GaAs Nanowires. Physica E，2007，37: 134.

［25］ Cai Y，Chan S K，Sou I K，et al. The Size-Dependent Growth Direction of ZnSe Nanowires. Adv Mater，2006，18: 109.

［26］ Hiruma K，Haraguchi K，Yazawa M，et al. Nanometre-Sized GaAs Wires Grown by Organo-Metallic Vapour-Phase Epitaxy. Nanotechnology，2006，17: S369.

［27］ Chen Z H，Tang Y B，Liu Y，et al. ZnO Nanowire Arrays Grown on Al: ZnO Buffer Layers and Their Enhanced Electron Field Emission. J Appl Phys，2009，106: 064303.

［28］ Hsu J F，Huang B R. The Growth of Silicon Nanowires by Electroless Plating Technique of Ni Catalysts on Silicon Substrate. Thin Solid Films，2006，514: 20.

［29］ 彭英才，范志东，白振华，等 . Si 纳米线的固-液-固可控生长及其形成机理分析 . 物理学报，2010，59: 1169.

［30］ Wang N，Zhang Y F，Tang Y H，et al. SiO_2-Enhanced Synthesis of Si Nanowires by Laser Ablation. Appl Phys Lett，1998，73: 3902.

［31］ Li Z J，Ren W P，Meng A L. Morphology-Dependent Field Emission Characteristics of SiC Nanowires. Appl Phys Lett，2010，97: 263117.

第5章
纳米线的电子性质

纳米线是典型的一维量子体系，具有许多新颖的物理性质，如强二维量子限制效应、优异的电子输运特性、良好的场发射特性、强光致发光与光吸收特性等。这些特性使其在各类电子输运器件与光电子器件中具有十分重要的应用。换言之，正是纳米线的电子性质决定着其电学与光学特性。为了能够深入揭示纳米线所具有的这些优异物理特性，需要对其电子性质有一个清楚的认识与理解。关于纳米线电子性质的研究主要包括三个方面：一是纳米线的禁带宽度，即带隙能量随纳米线直径的变化；二是电子的能量分布，即布里渊区中电子能量随波矢的变化，即人们所熟知的 E-k 关系；三是电子的态密度分布，即电子的有效态密度随能量的变化。

本章首先介绍纳米线中的电子状态和电子性质的第一性原理计算方法，然后将以能带结构为主，介绍几种典型纳米线如 Si、Ge、GaN 与 ZnO 等的电子性质。

5.1　纳米线中的电子状态

一般而言，纳米线是指采用金属催化气-液-固生长或溶液法生长的准一维纳米结构。换句话说，在这种小量子体系中，电子只在一个方向上的运动是自由的，而在另外两个方向的运动则受到量子约束。下面，分矩形截面和圆形截面两种情形讨论纳米线中的电子状态[1]。

5.1.1　矩形截面纳米线的电子能量

设纳米线为矩形截面的无限深势阱，在 y 和 z 方向上的长度和宽度分别为 L_y

和 L_z，依据薛定谔方程可以直接写出其波函数：

$$\psi(x,y,z) = e^{ikx}\frac{2}{\sqrt{ab}}\sin\frac{n\pi y}{L_y}\sin\frac{m\pi z}{L_z} \quad n,m=1,2,3,\cdots \tag{5-1}$$

相应的能量本征值为：

$$E_{nm,k} = \frac{\pi^2}{2m_e^*}\left(\frac{n^2}{L_y^2}+\frac{m^2}{L_z^2}\right)+\frac{k^2}{2m_e^*} \tag{5-2}$$

式中，k 为沿 x 方向的波矢；$\dfrac{k^2}{2m_e^*}$ 为电子在 x 方向自由运动的能量；第一项表示在 y 和 z 方向受到约束后产生的量子化能级。由式(5-2) 可见，量子化能级间距分别与该方向上纳米线尺寸的平方成反比。也就是说，纳米线的尺寸越小，带隙能量越大，量子化能级间距也越大，其量子限制效应也就越显著。

5.1.2　圆形截面纳米线的电子能量

设一维纳米线是一个半径为 r 的圆形截面无限深势阱，则体系所满足的薛定谔方程可以在极坐标中写出。令 $\psi(\vec{r}) = e^{ikz}f\,(r)\,e^{im\theta}$，则 $\psi(r)$ 满足下式：

$$\frac{\mathrm{d}^2\psi}{\mathrm{d}r^2}+\frac{1}{r}\times\frac{\mathrm{d}\psi}{\mathrm{d}r}+\left(\varepsilon-\frac{m_e^{*2}}{r^2}\right)\psi=0 \tag{5-3}$$

式中，$\varepsilon=2m_e^*[E-(k^2/2m_e^*)]$。式(5-3) 为贝塞尔方程，$\psi(r)$ 可由下式表示：

$$\psi(r) = J_m(\sqrt{\varepsilon}\,r) \tag{5-4}$$

由边界条件 $J_m(\sqrt{\varepsilon})=0$，可以定出贝塞尔函数的零点 x_{ml}，然后再由 x_{ml} 就可以定出本征能量：

$$E = \frac{1}{2m_e^*}\left(\frac{x_{\mathrm{ml}}}{r}\right)^2+\frac{k^2}{2m_e^*} \tag{5-5}$$

由上式可以看出，本征能量与纳米线半径的平方成反比。利用贝塞尔函数的积分公式，可以求出波函数的归一化系数，最后可以得到形如下式的波函数：

$$\psi(r) = e^{ikz}\frac{1}{\sqrt{\pi}RJ_{m+1}(x_{\mathrm{ml}})}J_m(\sqrt{\varepsilon_{\mathrm{ml}}}\,r)e^{im\theta} \tag{5-6}$$

5.1.3　纳米线的态密度

对于截面为矩形的一维纳米线而言，电子在 x 方向自由运动，而在 y 和 z 方向受到量子约束，在 y 和 z 方向的能量分别用 E_{ny} 和 E_{nz} 表示，由式(5-2) 可知电子的能量为：

$$E = \frac{\hbar^2}{2m_e^*} k_x^2 + E_{ny} + E_{nz} \tag{5-7}$$

式中，E_{ny} 和 E_{nz} 分别为：

$$E_{ny} = \frac{\hbar^2}{2m_e^*} \left(\frac{\pi n_y}{L_y}\right)^2 \tag{5-8}$$

$$E_{nz} = \frac{\hbar^2}{2m_e^*} \left(\frac{\pi n_z}{L_z}\right)^2 \tag{5-9}$$

式中，L_y 和 L_z 分别为纳米线在 y 和 z 方向的尺寸。此时，E_{ny} 和 E_{nz} 状态的总数为：

$$\left(\frac{2}{2\pi/L}\right) \int_{-k}^{k} dk = \frac{2L}{\pi} k = \frac{2L}{\pi} \left(\frac{2m_e^*}{\hbar^2}\right)^{1/2} \sqrt{E - E_{ny} - E_{nz}} \tag{5-10}$$

而态密度则为：

$$\rho(E) = \left(\frac{2m_e^*}{\hbar^2}\right)^{1/2} \frac{2L}{\pi} \frac{1}{2} \frac{1}{\sqrt{E - E_{ny} - E_{nz}}}$$

$$= \frac{\sqrt{2m_e^*} L}{\pi \hbar} \frac{1}{\sqrt{E - E_{ny} - E_{nz}}} \tag{5-11}$$

因此，纳米线的总态密度为：

$$\rho(E) dE = \sum \rho(E - E_{ny} - E_{nz}) dE \tag{5-12}$$

亦即：

$$\rho(E) = \frac{\sqrt{2m_e^*} L}{\pi \hbar} \sum_{ny, nz} \frac{1}{\sqrt{E - E_{ny} - E_{nz}}} \tag{5-13}$$

图 5-1(a) 和（b）分别给出了以三维阵列式排布的纳米线矩形截面和与之相对应的态密度分布。

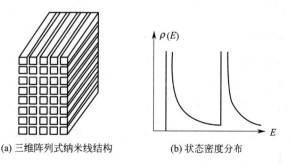

(a) 三维阵列式纳米线结构　　　　(b) 状态密度分布

图 5-1　三维阵列式纳米线结构示意图和态密度分布

5.2 电子结构的第一性原理计算

5.2.1 第一性原理的计算优势

基于密度泛函理论的第一性原理计算，已成功地用于各种纳米材料能带结构与态密度的计算。广义的第一性原理是一个关于计算物理与计算化学的专业名词，它是基于量子力学原理的计算，即根据原子核与电子的相互作用原理计算分子的结构与能量。狭义的第一性原理是指基于量子力学理论，仅需几个基本的物理常数（如真空电子质量 m_0，电子电荷 e，普朗克常数 h，真空中光速 c 以及玻耳兹曼常量 k 等），而不依赖于任何经验参数或者半经验参数，即可以合理预测微观体系的状态与性质。

第一性原理计算有着经验方法或者半经验方法（如紧束缚模型和有效质量近似等）不可比拟的理论优势。因为它只需知道组成微观体系各元素的原子序数，而不需要任何其他可调参数，就可以方便地采用量子力学方法计算该微观体系的总能量、能带结构与态密度等电子性质。第一性原理的基本出发点是求解多粒子体系的薛定谔方程，多粒子之间存在着复杂的相互作用，只要采取合理的简化与近似处理，就能够进行有效的计算。随着计算机科学技术的迅速发展，以第一性原理为代表的计算科学在材料设计和物性研究方面发挥着越来越重要的作用。

5.2.2 第一性原理的计算方法

采用第一性原理的一般计算流程如图 5-2 所示[2]。计算过程分两层循环，外层为原子结构优化，内层为电子结构自洽循环。进行计算时，首先要按照某种假设确定初始粒子构型，即所谓的物理建模。计算程序给出随机初始电荷密度，然后计算其有效势，并确定 Kohn-Sham 方程的具体形式，随后再求解 Kohn-Sham 方程。当基组确定之后，解 Kohn-Sham 方程问题可转化为求本征值问题，即求解本征值与本征矢量。求解方法一般分直接对角化和迭代对角化两种。基于单粒子波函数构成的密度函数关系，可以由求解出的单粒子态确定新的电荷密度。新的电荷密度如果与前一次的电荷密度是自洽的，则可将两次的电荷密度进行混合，进而产生新的电荷密度波，并进入下一次循环运算。这样的计算过程循环进行，最终可以得到预期的电子结构性质和其他各种计算结果。

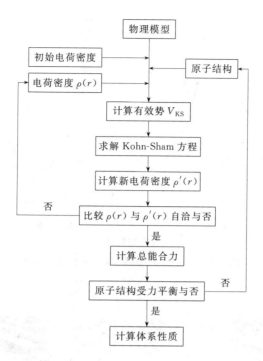

图 5-2 采用第一性原理计算电子结构的流程

5.3 Si 纳米线的电子性质

5.3.1 单晶 Si 纳米线的电子性质

Harris 等[3]采用紧束缚模型理论计算了 Si（100）、（110）与（111）三种不同晶格取向纳米线的电子结构，图 5-3 示出了以上三种不同取向 Si 纳米线的带隙能量随其直径的变化。由图可以看出，三种不同取向 Si 纳米线的带隙能量均随其直径的减小而增大。尤其是当 Si 纳米线直径减小至 2nm 以下时，其带隙能量呈指数迅速增大。在布里渊区中心，带隙能量大小的顺序依次为 $E_g^{(110)} < E_g^{(111)} < E_g^{(100)}$。同时还可以看到，当 Si 纳米线直径增加时，（100）与（110）取向的带隙能量差减小。随着纳米线直径进一步增加，不同取向 Si 纳米线的带隙能量会趋向于晶体 Si 的 Γ-X 带隙能量值，图 5-4(a)、（b）和（c）分别示出了纳米线直径为 2nm 时，（100）、（110）与（111）三种不同取向 Si 纳米线的能带结构。易于看出，以上三种 Si 纳米线的带隙均为直接带隙性质，亦即纳米线的导带极小值（CBM）与价带极大值（VBM）都位于布里渊区的中心，即 $\Gamma = 0$ 的位置。

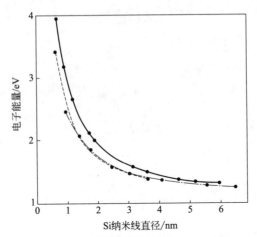

图 5-3　Si 纳米线的带隙能量随直径的变化

—— (100)；---- (110)；—·— (111)

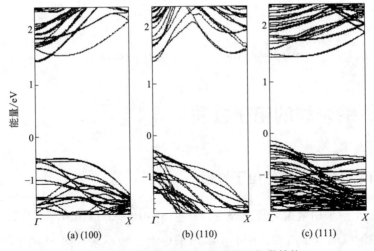

(a) (100)　　　　　(b) (110)　　　　　(c) (111)

图 5-4　三种不同取向 Si 纳米线的能带结构

5.3.2　H 原子饱和 Si 纳米线的电子性质

　　一般而言，无论是采用气相法生长的 Si 纳米线，还是采用溶液法合成的 Si 纳米线，其表面都会有一定数量的 H 与 O 等原子。Matsuda 等[4]采用量子力学方法计算了 H 原子饱和 Si (011) 纳米线的电子性质，图 5-5(a) ～ (f) 分别示出了当 Si 纳米线直径分别为 1.0nm、1.3nm、1.6nm、1.9nm、2.5nm 和 3.1nm 时的能带图。可以看出，Si 纳米线的直径为 1.0nm、1.3nm、1.6nm 时，其导带极小值和价带极大值，都位于布里渊区的中心 Γ 点，因此呈现出直接带隙性质，其带隙

能量分别为 4.14eV、3.44eV 和 3.05eV。与此相反，当 Si 纳米线直径分别为
1.9nm、2.5nm 和 3.1nm 时，其导带极小值分别位于沿 Γ-X 方向的 1/3 处，而价
带极大值位于布里渊区中心 Γ 点，因此呈现出间接带隙性质，其带隙能量分别为
2.68eV、2.40eV 和 2.20eV。

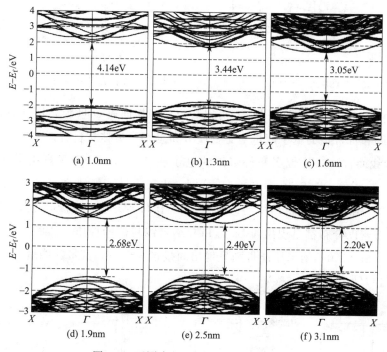

图 5-5　不同直径 Si 纳米线的能带结构

5.3.3　价键弛豫 Si 纳米线的电子性质

价键弛豫会对纳米线表面产生重要影响，因为它会使纳米线原子价键的键角与
键长发生改变，从而影响其能带结构。Furtado 等[5] 理论计算了价键弛豫的
Si（111）和 Si（100）两种晶向 Si 纳米线的电子结构，并分析了 H 原子饱和与不
饱和 Si 纳米线的能带结构与态密度分布。图 5-6（a）和（b）分别示出了弛豫
Si（111）和 Si（100）纳米线的顶视结构，前者的纳米线直径为 0.848nm，后者的
纳米线直径为 1.038nm。由图 5-6(a) 可以看出，对于具有（111）晶向的 Si 纳米
线而言，横向表面的 Si 原子沿（110）面弛豫，并部分释放了最外层表面的应变积
累。而对于（100）晶向的 Si 纳米线来说，（110）面的形成也使 Si 原子发生弛豫，
并使四个顶角的 Si 原子与其最近邻的 Si 原子形成了 52.0°的键角。

图 5-7(a) 和（b）是分别由计算得到的 H 原子饱和与不饱和 Si（111）纳米线

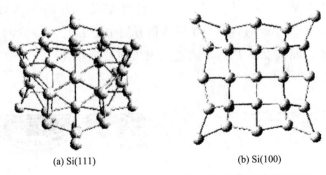

(a) Si(111)　　　　(b) Si(100)

图 5-6　Si（111）和 Si（100）纳米线的原子结构顶视图

的能带结构与态密度。由图 5-7（a）可以看出，当横向表面 H 原子饱和时，Si 纳米线的导带底和价带顶的电子能量与态密度分布呈现出类体材料特征。而对于不饱和的 Si 纳米线而言，其导带底和价带顶的电子能与态密度分布呈现出类表面特征，如图 5-7（b）所示。图 5-7（c）和（d）分别示出了由计算得到的 H 原子饱和与不饱和 Si（100）纳米线的能带结构与态密度。对于 H 原子饱和的 Si 纳米线来说，能带结构与态密度分布都呈现出与 Si（111）纳米线相似的性质。然而，当清除了 H 原子之后，Si（100）纳米线能带则呈现出间接带隙性质，其带隙能量 4.29eV 远大于 Si（111）纳米线的 2.58eV。

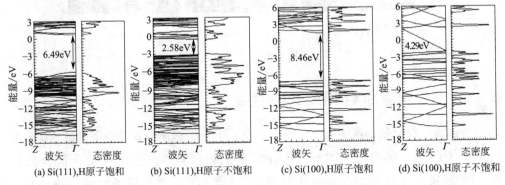

(a) Si(111),H原子饱和　(b) Si(111),H原子不饱和　(c) Si(100),H原子饱和　(d) Si(100),H原子不饱和

图 5-7　H 原子饱和与不饱和的 Si（111）和 Si（100）纳米线能带结构与态密度

5.4　Ge 纳米线的电子性质

5.4.1　单晶 Ge 纳米线的电子性质

Harris 等[3]采用紧束缚模型计算了直径为 1～6nm 单晶 Ge 纳米线的电子结

构，图 5-8 示出了沿（100）、（110）和（111）三个不同方向的 Ge 纳米线在布里渊区中心的带隙能量随纳米线直径的变化。由图可以看出，随着 Ge 纳米线直径从 1nm 逐渐增加到 6nm，其带隙能量迅速减小。随着纳米线直径的增加，（100）和（110）晶向之间的带隙能量差保持不变，（110）取向的 Ge 纳米线会趋向于 Γ-L 带隙，而（100）和（111）取向的 Ge 纳米线会趋向于 Γ-X 带隙。图 5-9(a)、（b）和（c）分别示出了直径为 2nm 的 Ge 纳米线沿（100）、（110）和（111）方向的能带结构。可以看到，只有（110）取向的 Ge 纳米线为直接带隙，而（100）和（111）两个取向的 Ge 纳米线显示出间接带隙属性。

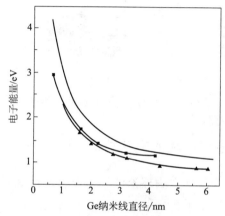

图 5-8　Ge 纳米线的电子能量随直径的变化

—— （100）；—■— （110）；—▲— （111）

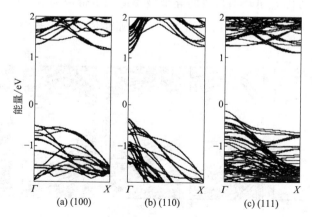

图 5-9　采用紧束缚模型计算得到的 Ge 纳米线的能带结构

Kholod 等[6]采用第一性原理方法计算了 Ge 纳米线的电子结构，并分析与讨论了空间取向与纳米线电子结构的影响，图 5-10 （a）、（b）和（c）分别示出了

（100）、（110）和（111）三个取向和具有不同直径 Ge 纳米线的能带结构。与 Harris 等的研究结果相同，（110）取向的 Ge 纳米线在 0.4～1.2nm 范围内都呈现出由量子限制效应诱导的直接带隙性质，而（100）和（111）取向的 Ge 纳米线则为间接带隙。对于所给定的纳米线直径，其带隙能量值的次序为：$E_g^{(110)} < E_g^{(111)} < E_g^{(100)}$。

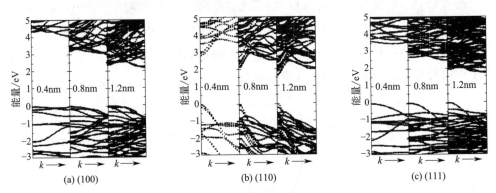

图 5-10　采用第一原理性计算得到的 Ge 纳米线能带结构

5.4.2　应变调制 Ge 纳米线的电子结构

Logan 等[7]采用第一原理方法理论计算了单轴应变和量子限制对于 Ge（110）纳米线电子性质的影响。结果显示出，直径在 1～5nm 范围内的 Ge（110）纳米线具有直接带隙性质，这与体 Ge 材料的间接带隙结构形成了鲜明对照。图 5-11(a) ～ (e) 分别示出了直径为 1.2nm、1.8nm、2.5nm、3.0nm 和 3.7nm 的 Ge（110）纳米线能带结构。可以看出，纳米线的导带极小值和价带极大值都位于布里渊区的中心 Γ 点。而且，随着纳米线直径的增加，其带隙能量进一步减小。

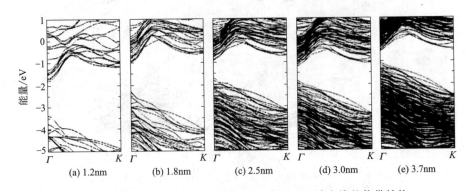

图 5-11　采用第一性原理计算得到的 Ge（100）纳米线的能带结构

应变对电子结构的影响还体现在导带和价带的能量变化方面。图 5-12(a) 和

（b）分别示出了直径为 1.2nm 和 3.7nm 的 Ge 纳米线的导带能量变化（△CBE）和价带能量变化（△VBE）随应变的变化关系。由图可以看出，应变对 Ge 纳米线电子结构的影响是显而易见的。对于两种直径的 Ge（110）纳米线，无论是导带能量还是价带能量，都是随着压缩应变（沿应变轴的负方向）的增加而增大，而随着拉伸应变（沿应变轴的正方向）的增加而减小。

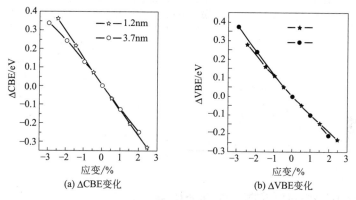

图 5-12 △CBE 和 △VBE 随应变的变化关系

5.4.3 Ge(112) 纳米线的电子性质

由前面的讨论可知，纳米线的电子性质与其晶格取向有着密切关联，这主要是不同晶格取向的纳米线有不同的原子排列方式。Zhang 等[8]利用第一性原理研究了 Ge（112）纳米线的电子性质与其尺寸、形貌和应变的相互依赖关系，图 5-13 示出了 A_nB_{2n} Ge（112）纳米线的能带结构，表 5-1 给出了计算所使用的物理参数。其中，N_H 和 N_{Ge} 分别表示 H 原子与 Ge 原子在纳米线中的数量，其原子数之比由 N_H/N_{Ge} 表示。轴向晶格常数是沿（112）方向优化的晶格常数，E_g 是由密度泛函

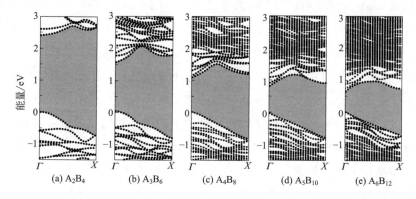

图 5-13 采用第一性原理计算得到的 Ge（112）纳米线的能带结构

理论给出的值。由表 5-1 可以看出，对于 A_2B_4 的 Ge（112）纳米线，其带隙能量为 2.42eV。随着纳米线直径的增加，带隙能量逐渐减小。例如，对于 A_6B_{12} 的 Ge（112）纳米线，其带隙能量为 0.63eV。不过可以看出，其带隙均呈现出一个直接跃迁性质。

表 5-1　计算 Ge（112）纳米线能带结构使用的参数

项目	N_H	N_{Ge}	N_H/N_{Ge}	横截面积/nm²	形貌比	轴向晶格常数/nm	E_g/eV
A_2B_4	16	16	1	0.25	1.48	0.707	2.42
A_3B_6	24	36	0.6667	0.75	1.54	0.706	1.56
A_4B_8	32	64	0.5	1.53	1.53	0.706	1.08
A_5B_{10}	40	100	0.4	2.59	1.29	0.706	0.81
A_6B_{12}	48	144	0.3333	3.92	1.28	0.706	0.63

5.5　GaN 纳米线的电子性质

5.5.1　（0001）GaN 纳米线的电子性质

Persson 等[9]研究了（0001）晶向 GaN 纳米线的电子性质。图 5-14(a) 是在纳米线直径为 1.5～1.7nm 范围内由计算得到的带隙能量随其直径的变化。同任何其他纳米线一样，随着直径的增加，带隙能量随之而减小。当 GaN 纳米线直径为 1.5nm 时，其带隙能量高达 4.07eV，这是由横向量子限制效应导致的一个必然结果。而当 GaN 纳米线直径增加到 10nm 以后时，其带隙能量很快减小至体 GaN 带隙能量的 3.55eV，如图 5-14(a) 中的点线所示。图 5-14(b) 和 (c) 分别示出了量子限制效应对导带能量与价带能量的影响。可以看出，对于导带而言，不同的子能带随纳米线尺寸的变化呈现出相类似的量子限制效应，即随着纳米线尺寸的减小其能量迅速增大。与此同时，子能带的排列顺序不发生变化。第二与第三子能带和第四与第五子能带是简并的，而简并性的解除则是由于自旋轨道耦合效应。相反，对于价带而言，不同的子能带随纳米线尺寸变化呈现出不相同的量子限制效应，即子能带的排列顺序随纳米线的尺寸增加会发生变化。从图 5-14(c) 的内插图中可以看出，第一与第二子能带排列顺序发生变化的纳米线临界直径为 6.0nm，而第二与第三子能带排列顺序发生改变的纳米线临界直径为 9.0nm。这一物理事实将显著影响纳米线的电学与光学性质。

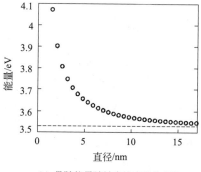

(a) 带隙能量随纳米线直径的变化

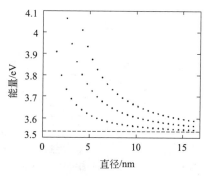

(b) 量子限制效应对导带能量的影响

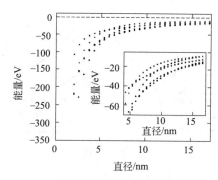

(c) 量子限制效应对价带能量的影响

图 5-14 （0001）GaN 纳米线的带隙能量随直径的变化

　　此外，Persson 的小组还研究了具有不同直径（0001）GaN 纳米线的导带与价带的电子性质。图 5-15(a) 和（b）示出了直径分别为 4.8nm 和 7.0nm GaN 纳米线导带的能带结构。可以看出，在布里渊的 Γ 点附近，两种纳米线的子能带均为抛物线形。其中，第一子能带是非简并的，第二至第五子能带则近乎是简并的，但只有很小的能量分离。图 5-15(c) 和（d）示出了直径分别为 4.8nm 和 7.0nm GaN 纳米线价带的能带结构。正如上所述，对于小于临界直径 6nm 的 4.8nm GaN 纳米线而言，最高的子能带具有轻空穴有效质量，该子能带在 Γ 点附近呈抛物线形。第二子能带也是抛物线形的，但具有重空穴有效质量。对于大于临界直径 6.0nm 的 7.0nm GaN 纳米线来说，第一和第二子能带的顺序发生了改变。改变顺序后的第一子能带是抛物线形的，具有一个大的空穴有效质量。而第二子能带也是抛物线形的，但具有一个小的空穴有效质量。

5.5.2 具有 Ga 和 N 空位 GaN 纳米线的电子性质

　　与体材料一样，空位对纳米线的电学与光学性质都有直接影响。Cater 等[10]

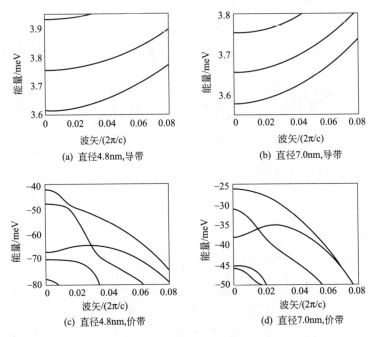

图 5-15 (0001) GaN 纳米线导带和价带的能带结构

采用第一性原理计算研究了具有 Ga 和 N 空位 GaN 纳米线的电子结构。图 5-16 示出了直径分别为 0.95nm 和 1.59nm 的横截面为六角形和三角形 GaN 纳米线的导带（CBM）极小值和价带（VBM）极大值。由图可以看出，随着纳米线直径的增加，对于价键饱和的纳米线其带隙能量减小，并趋近于体 GaN 的带隙能量值。而对于价键不饱和的纳米线其带隙能量保持不变，即为一常数。直径分别为 0.95nm 和 1.59nm 的不饱和 GaN 纳米线的带隙能量分别为 3.23eV 和 2.45eV。由图还可以看出，导带极小值随纳米线直径的变化要比价带极大值随纳米线直径的变化更加

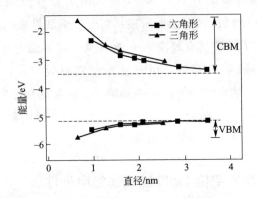

图 5-16 GaN 纳米线的带隙能量与直径的关系

明显。当纳米线直径从 0.95nm 到 3.5nm 变化时，导带极小值漂移了－1.1eV，而价带极大值漂移了＋0.30eV。

更进一步，该研究小组还计算了具有 N 空位 GaN 纳米线的电子性质。图 5-17(a) 和（b）分别示出了直径为 0.95nm 和 1.59nm 的 GaN 纳米线的能带结构。而图 5-17(c) 示出了导带底边缘附近的缺陷能级，可以看出，在边缘态（ES）下面有三个缺陷态能级，其中最低的缺陷能级由一个电子占有，而其他两个缺陷态能级则是空的。研究还指出，对于直径 0.95nm 的 GaN 纳米线，三个缺隙态能级分别位于边缘态之下 0.5eV、0.7eV 和 0.8eV 处。而对于直径为 1.59nm 的 GaN 纳米线，三个缺陷态能级分别位于边缘态之下 0.1eV、0.45eV 和 0.5eV 处。

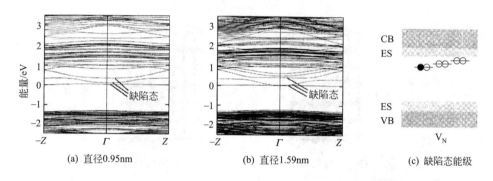

(a) 直径0.95nm　　　　　(b) 直径1.59nm　　　　　(c) 缺陷态能级

图 5-17　具有 N 空位 GaN 纳米线的能带结构和缺陷态能级

直径分别为 0.95nm 和 1.59nm，且具有 Ga 空位 GaN 纳米线的能带结构示于图 5-18(a) 和（b）中，而图 5-18(c) 则示出了位于价带顶边缘附近的缺陷态能级。可以看出，在边缘态附近有两个缺陷态能级，其中较低的由一个电子占据，而较高的保持空态，即未被电子所占据。对于直径 0.95nm 的 GaN 纳米线，两个缺陷态能级分别在边缘态附近 0.2eV 和 0.3eV 处。而对于直径为 1.95nm 的 GaN 纳米

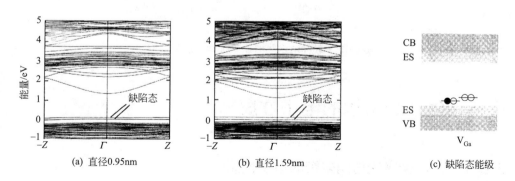

(a) 直径0.95nm　　　　　(b) 直径1.59nm　　　　　(c) 缺陷态能级

图 5-18　具有 Ga 空位 GaN 纳米线的能带结构和缺陷态能级

线，两个缺陷态能级分别在边缘态之上 0.1eV 和 0.2eV 处。

5.5.3 H 原子终端（0001）GaN 纳米线的电子性质

Akiyama 等[11] 采用第一性原理方法研究了有 H 原子终端、直径为 1.3nm 的
（0001）GaN 纳米线的电子性质。图 5-19(a) 和（b）分别示出了该纳米线在无 H
原子终端和有 H 原子终端条件下的侧面原子结构。图 5-19(c) 和（d）是分别由计
算得到的无 H 原子终端和有 H 原子终端 GaN 纳米线的能带结构。由图可以看到，
对于无 H 原子终端的 GaN 纳米线，其带隙能量为 1.9eV。而对于有 H 原子终端的
GaN 纳米线，其带隙能量为 3.4eV。二者均呈现出直接带隙性质。

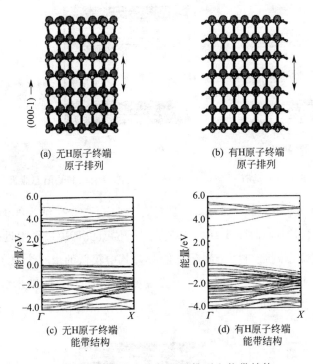

(a) 无H原子终端
原子排列

(b) 有H原子终端
原子排列

(c) 无H原子终端
能带结构

(d) 有H原子终端
能带结构

图 5-19　GaN 纳米线的原子排列和能带结构

5.6　ZnO 纳米线的电子性质

5.6.1　ZnO 纳米线与纳米管的电子性质

Wang 等[12] 计算了直径分别为 0.96nm 与 1.57nm 的 GaN 纳米管和直径分别

为 0.951nm 与 1.584nm 的 GaN 纳米线的电子结构，其能带结构如图 5-20 所示。由图不难看出，对于 GaN 纳米管而言，其带隙能量随直径尺寸的变化是很小的，亦即带隙能量与直径尺寸没有明显的依赖关系。与此相反，GaN 纳米线的带隙能量随其直径的增加而减小，这是一种典型的量子限制效应。可以采用量子限制效应与表面悬挂键性质来解释 GaN 纳米线与纳米管的带隙能量与其直径所呈现的不同依赖关系。低维结构量子限制效应的物理效应，是指其带隙能量将随结构尺寸减小而显著增加。然而，表面悬挂键将导致带隙能量随结构尺寸的减小而减小，这是由于悬挂键将会在导带底和价带顶形成表面态分布。高密度表面态将会抵消由于量子限制效应引起的带隙能量增加，这就是为什么 GaN 纳米管的带隙能量几乎不随直径变化的主要原因。

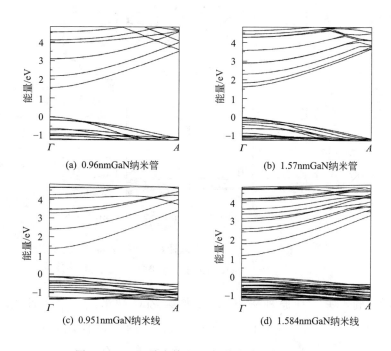

(a) 0.96nmGaN纳米管

(b) 1.57nmGaN纳米管

(c) 0.951nmGaN纳米线

(d) 1.584nmGaN纳米线

图 5-20　GaN 纳米管和 GaN 纳米线的能带结构

5.6.2　掺杂 ZnO 纳米线的电子性质

通过掺杂以改变纳米线的导电特性，可以制作各类 pn 结纳米线器件，因而研究纳米线的掺杂性质具有重要意义。Wang 等[13]采用第一性原理计算研究了 Al、Ga 和 Sb 原子掺杂对 ZnO 纳米线能带结构的影响，图 5-21(a)、(b)、(c) 和 (d) 分别示出了非掺杂和掺 Al、Ga、Sb 原子的 ZnO 纳米线的能带结构。计算结果证实，非掺杂 ZnO 纳米线的带隙能量为 1.47eV，而掺 Al 和 Ga 原子 ZnO 纳米线的带隙能量小于非掺杂 ZnO 纳米线的带隙能量。但是，掺 Sb 原子 ZnO 纳米线的带隙能量大于非掺杂 ZnO 纳米线的带隙能量。由此说明，掺杂原子的引入对纳米线的能带结构是有直接影响的。而且由图还可以清楚地看到，在纳米线掺杂之后其费米能级将会向导带发生漂移。当掺杂浓度足够高时，由于施主原子之间相互接近，会形成兼并半导体，并且杂质带与基态是完全杂化的。除此之外，Al 原子掺杂对 ZnO 纳米线能带结构的影响并不太大，而 Ga 和 Sb 原子的掺杂将会使能量发生某种程度的分裂，Sb 原子掺入的 ZnO 纳米线更是如此。

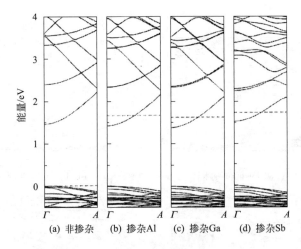

图 5-21　由第一性原理计算的非掺杂和
掺杂 GaN 纳米线的能带结构

　　Li 等[14]利用第一性原理研究了 Ag 掺杂 ZnO 纳米线的电子性质，图 5-22 (a)、(b) 和 (c) 分别示出了由 ($10\bar{1}0$) 面包封的六角形 Ag 掺杂 ZnO 纳米线 (六角 ZNW)、由 ($11\bar{2}0$) 面包封的六角形 Ag 掺杂 ZnO 纳米线 (六角 ANW) 和由 ($10\bar{1}0$) 面包封的三角形 Ag 掺杂 ZnO 纳米线 (三角 ZNW) 的电子结构。由图可以看出，当 Ag 掺入到 ZnO 纳米线中以后，它占据一个 Zn 的格点位置，并在价带极大值之上产生一个单受主态。对于六角 ZNW 和六角 ANW 而言，受主能级位于价带极大值之上的 0.38eV 和 0.36eV 处，此值稍低于体 ZnO 的 0.4eV。而当 Ag 掺入到三角 ZNW 中时，会产生一个浅的受主能级，其位置是在价带极大值之上的 0.14eV 处，因此呈现出典型的 p 型特性。这三种受主，均起因于 Ag^{4d} 和 O^{2P} 态的杂化。

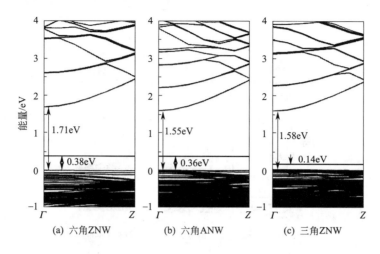

(a) 六角ZNW   (b) 六角ANW   (c) 三角ZNW

图 5-22   Ag 掺杂 ZnO 纳米线的能带结构

5.6.3   具有 O 空位 ZnO 纳米线的电子性质

Fang 等[15]同样基于第一性原理研究了本征 ZnO 纳米线和具有 O 空位 ZnO 纳米线的电子性质。图 5-23(a)、（b）和（c）分别示出了直径为 0.33nm、0.98nm 和 1.64nm 本征 ZnO 纳米线的能带结构，其对应的带隙能量是分别为 2.0eV、1.48eV 和 1.15eV，而且为典型的直接带隙。这三个带隙能量值大于体 ZnO 的 0.74eV，这显然是由于 ZnO 纳米线所具有的量子限制效应所导致。所计算的 ZnO 纳米线的形成能分别为 −2.11eV、−2.60eV 和 −2.74eV。图 5-24(a)、（b）和（c）分别示出了以上三种直径的具有 O 空位 ZnO 纳米线的能带结构。可以看到，每一个 O 空位产生一个占有的缺陷能级。在导带极小值与缺陷态能级之间的能量

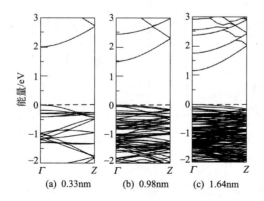

(a) 0.33nm   (b) 0.98nm   (c) 1.64nm

图 5-23   本征 ZnO 纳米线的能带结构

分别为 2.01eV、1.44eV 和 1.09eV。O 空位的产生将对 ZnO 纳米线的光学特性产生直接影响。

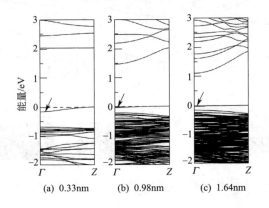

(a) 0.33nm   (b) 0.98nm   (c) 1.64nm

图 5-24 具有 O 空位 ZnO 纳米线的能带结构

5.7 TiO₂纳米线的电子性质

TiO₂是一种宽带隙氧化物半导体，在光催化和染料敏化太阳电池中具有重要应用。Meng 等[16]采用第一性原理计算了（010）晶向 TiO₂纳米线的电子结构，图 5-25(a) 和（b）分别示出了去质子前后的态密度。其中，曲线 1 和曲线 2 又分别表示 TiO₂纳米线的总态密度和染料分子的态密度。由图可以看出，占有轨道是按 1、2、3 进行标记的，从最高分子占有轨道（HOMO）连续趋向于低能端，而非占有轨道是按 1*、2*、3* 进行标记的，从最低未占有分子轨道（LOMO）连

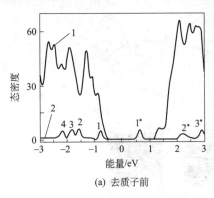

(a) 去质子前

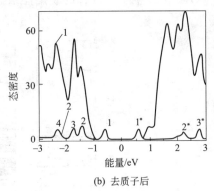

(b) 去质子后

图 5-25 去质子前和去质子后 TiO₂纳米线的态密度

1—总态密度；2—染料分子

续趋向于高能端。在去质子之前，HOMO 位于 TiO₂ 的价带内部，但 LOMO 是远离 TiO₂ 的导带极小值的。在去质子之后，HOMO 漂移到 TiO₂ 的禁带区域中，而 LUMO 则移动到 TiO₂ 导带极小值处。分子轨道的这种变化使得电子从染料分子 TiO₂ 导带的转移过程容易发生，这就是为什么人们多采用 TiO₂ 纳米结构作为染料敏化太阳电池光阳极的主要原因。

参考文献

[1] 彭英才,赵新为,傅广生. 低维半导体物理. 北京: 国防工业出版社,2011.

[2] 陈国祥,王豆豆. 一维氮化镓纳米材料的结构稳定性及其电子性质. 北京: 国防工业出版社,2013.

[3] Harris C,O'Reilly E P. Nature of the Band Gap of Silicon and Germanium Nanowires. Physica E, 2006,32:341.

[4] Matsuda Y,Kheli J T,Goddard W A. Surface and Electronic Properties of Hydrogen Terminated Si [001]Nanowires. J Phys Chem,2011,115:12586.

[5] Furtado A E A,Sousa C O,Alves H W L. Structural and Electronic Properties of Si(111) and (001) Nanowires: A Theoretical Study. Physics Procedia,2012,28:67.

[6] Kholod A N,Shaposhnikov V L,Sobolev N,et al. Orientation Effects in the Electronic and Optical Properties of Germanium Quantum Wires. Phys Rev B,2004,70:035317.

[7] Logan P,Peng X H. Strain-Modulated Electronic Properties of Ge Nanowires: a First-Principles Study. Phys Rev B,2009,80:115322.

[8] Zhang C,Sarkar A D,Zhang R Q. Inducing Novel Electronic Properties in <112> Ge Nanowires by Means of Variations in Their Size,Shape and Strain: a First-Principles Computational Study. J Phys: Condens Matter,2012,24:015301.

[9] Persson M P,Cario A D. Electronic Structure and Optical Properties of Freestanding [001]Oriented GaN Nanowires and Nanotubes. J Appl Phys,2008,104:073718.

[10] Cater D J,Stampfl C. Atomic and Electronic Structure of Single and Multiple Vacancies in GaN Nanowires from First-Principles. Phys Pev B,2009,79:195302.

[11] Akiyama T,Freeman A J,Nakamura K,et al. Electronic Structures and Optical Properties of GaN and ZnO Nanowires from First Principles. J Physics: Conference Series,2008,100:052056.

[12] Wang C,Wang Y X,Zhang G B,et al. Electronic Structure and Thermoelectric Properties of ZnO Single-Walled Nanotubes and Nanowires. J Phys Chem,2013,117:21037.

[13] Wang C,Wang Y X,Zhang G B,et al. Theoretical Investigation of the Effects of Doping on the Electronic Structure and Thermoelectric Properties of ZnO Nanowires. Phys Chem Chem Phys,2014, 16:3771.

［14］　Li Y L. Zhao X,Fan W L. et al. Role of Cross Section on the Stability and Electronic Structure of Ag-Doped ZnO Nanowires. J Nanopar Res,2012,14:739.

［15］　Fang D Q,Zhang R Q. Size Effects on Formation Energies and Electronic Structures of Oxygen and Zinc Vacancies in ZnO Nanowires:a First-Principles Study. J Appl Phys,2011,109:044306.

［16］　Meng S,Ren J,Kaxiras E. Natural Dyes Adsorbed on TiO_2 Nanowire for Photovoltaic Applications: Enhanced Light Absorption and Ultrafast Electron Injection. Nano Lett,2008,8:3266.

第6章
纳米线场效应器件

半导体场效应器件是半导体集成电路中微处理器和存储器的核心器件。在 Si 基大规模集成电路中，一般多采用金属-氧化物-半导体场效应晶体管（MOSFET）作为组成逻辑处理器和信息存储器的器件单元。由于纳米线具有许多新颖的物理性质，因此以纳米线作为器件有源区构建的纳米线场效应晶体管（NWFET）也呈现出许多相异于传统场效应器件的工作特性。例如 NWFET 可以有效抑制短沟道效应、改善亚阈值特性及提高载流子迁移率等，这使得它们在信息存储、高灵敏探测以及化学与生物传感方面都有着重要应用。

本章首先介绍 NWFET 中的载流子输运，然后讨论几种典型 NWFET 的转移特性，最后简要介绍 NWFET 在存储、探测与传感技术中的某些应用。此外，对 Si-NWFET 的器件集成及其所面临的一些挑战也进行了简单分析与讨论。

6.1 NWFET 中的载流子输运

6.1.1 NWFET 的场效应迁移率

迁移率是表征载流子输运特性的一个重要物理参数，它直接影响着器件的工作特性与工作速度。研究指出，迁移率的高低与材料的性质、温度、电场、掺杂以及散射等因素有着密不可分的依存关系。在 NWFET 中，载流子的场效应迁移率也直接受温度、噪声、电场以及纳米线尺寸等诸多因素的影响[1]。

Hashemi 等[2]用以 Si 为芯、以 Ge 为外壳形成的 Si 芯/Ge 壳纳米线制作了

NW-MOSFET，并研究了 Si 芯直径对其迁移率的影响，图 6-1(a) 和（b）分别示出了该器件的剖面结构与空穴迁移率随 Si 芯直径的变化。由图 6-1(b) 可以看出，当 $V_{GS}-V_T=-1.5V$ 时，随着 Si 芯直径从 20nm 增加到 40nm，其空穴迁移率从 $80cm^2/(V\cdot s)$ 减小到了 $60cm^2/(V\cdot s)$。而当 $V_{GS}-V_T=-3.0V$ 时，随着 Si 芯直径从 20nm 增加到 40nm，其迁移率从 $70cm^2/(V\cdot s)$ 减小到了 $50cm^2/(V\cdot s)$。对于以上两种情形的 $V_{GS}-V_T$ 值，当 Si 芯直径从 40nm 增加到 70nm 时，其空穴迁移率则保持为一常数值。这里的 V_{GS} 和 V_T 分别为栅-源偏置电压和阈值电压。研究指出，NW-MOSFET 沟道中的纵向应变分量从压缩应变向伸张应变的转变，是制约迁移率发生上述变化的一个重要物理起因。

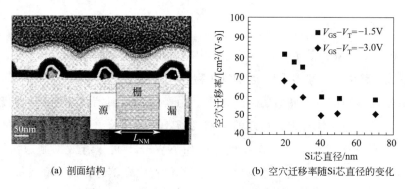

(a) 剖面结构　　　　　(b) 空穴迁移率随Si芯直径的变化

图 6-1　Si 芯/Ge 壳 NW-MOSFET 的剖面结构
和空穴迁移率随 Si 芯直径的变化

温度对 NWFET 的影响已由 Graham 等进行了研究[3]。该小组采用 PbSe 纳米线制作了用于高效率光伏器件的 NWFET，并实验观测到了空穴迁移率随温度的变化，图 6-2(a) 和（b）分别示出了该器件的剖面结构与空穴迁移率随温度变化的

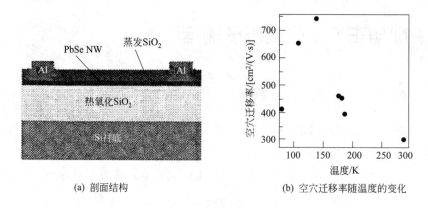

(a) 剖面结构　　　　　(b) 空穴迁移率随温度的变化

图 6-2　PbSe-NWFET 的剖面结构和空穴迁移率随温度的变化

实验结果。由图 6-2(b) 可以看出，随着温度的不断降低，其迁移率呈线性增加趋势。当温度为 300K 时，迁移率值为 $300cm^2/(V \cdot s)$，载流子扩散长度为 $4.5\mu m$。当温度降低到 139K 时，迁移率急剧增加到 $740cm^2/(V \cdot s)$。然而，当温度再降低到 79K 时，迁移率又急剧减小到 $410cm^2/(V \cdot s)$。分析表明，迁移率随温度的降低而增加是由于减小了声子散射的缘故。而在低于 139K 时迁移率的减小，则是由于电荷阻塞接触势垒所导致。

与此同时，Nazarov 等[4]研究了反型（IM）情形下的 n 型 Si-NW-MOSFET 的场效应迁移率，结果如图 6-3 所示。由图可见，对于 IM 型 NW-MOSFET，当 V_{GS} 从零偏置增加到 0.3V 时，其场效应电子迁移率从零增加到 $500cm^2/(V \cdot s)$，而后呈单调减小趋势。对于无结（JL）NW-MOSFET，当 V_{GS} 从零偏置增加到 0.5V 时，其场效应电子迁移率从零增加到 $600cm^2/(V \cdot s)$，此后也随之单调减小。纳米线场效应器件的这种迁移率变化，与器件本身在栅压作用下所产生的随机性电信噪声直接相关。

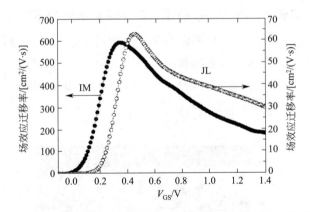

图 6-3　Si-NW-MOSFET 的场效应电子迁移率随栅偏 V_{GS} 的变化

6.1.2　NWFET 的单电子输运

由纳米线构建的另一类场效应器件则是纳米线单电子晶体管（NWSET），该器件中的单电子输运是指发生在低温下的单电子隧穿振荡、库仑阻塞、电导呈量子化以及电流的量子化现象。早期的工作中，Thelander 等[5]在 4.2K 温度下实验观测到了 InAs/InP 异质结纳米线器件的电导量子化与电流周期振荡现象，分别如图 6-4(a) 与（b）所示。对于一个直径约为 55nm 和长度为 100nm 的 InAs 岛而言，其库仑能为 40meV。由图 6-4（a）可知，随着 InAs 纳米线直径从 105nm 逐渐减小到 60nm，其电导 $G = 2e^2/h$ 随之减小，而且电导呈量子化现象越加显著。

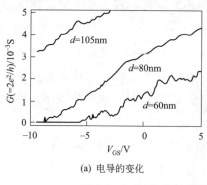

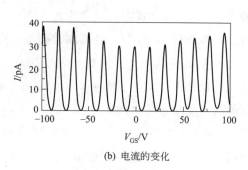

(a) 电导的变化　　　　　　　　　　　(b) 电流的变化

图 6-4　InAs/InP-NWSET 的电导和电流随栅压 V_{GS} 的变化

这里的 e 为电子电荷，h 为普朗克常量。而由图 6-4(b) 可以看出，器件电流随 V_{GS} 发生了十分有规律的周期振荡现象，其中的每一个电流峰相应于有一个电子进入到了 InAs 库仑岛中，从而使电流呈现出周期性变化。

　　n 型单晶 Si-NWSET 中的电流量子化现象也由 Huang 等[6]所观测到，图 6-5(a) 与 (b) 分别示出了该器件在 23mK 的库仑阻塞现象和源-漏电流（I_{DS}）随栅-源电压（V_{GS}）的变化。由图 6-5(a) 可以看出，图中的菱形白色区域被称为"库仑菱形"，表明在该区域中的电流是被抑制的。由图 6-5(b) 可以看到 I_{DS} 随 V_{GS} 发生的周期性变化现象，其电流峰正好对应于"库仑菱形"的间隔区域，这正是在单电子器件中发生单电子输运的一个典型特征。

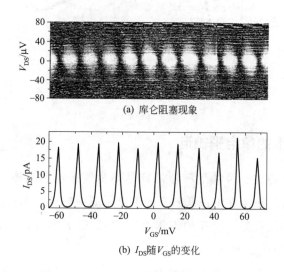

(a) 库仑阻塞现象

(b) I_{DS} 随 V_{GS} 的变化

图 6-5　Si-NWSET 中的库仑阻塞现象和 I_{DS} 随 V_{GS} 的变化规律

　　更进一步，Yi 等[7]在室温 300K 下观测到了超薄 Si-NWFET 的量子限制效

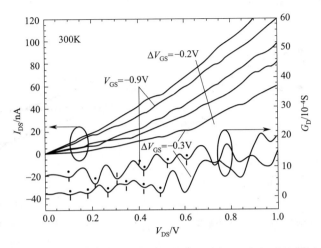

图 6-6 300K 下 Si-NWFET 的源-漏电流与沟道电导随 V_{DS} 的变化

应，图 6-6 示出了该器件的 I_{DS} 和沟道电导（G_D）随 V_{DS} 的变化。由图可以看出，当 V_{GS} 分别为 $-0.3V$ 和 $-0.9V$ 时，都观测到了 G_D 随 V_{DS} 呈周期振荡的变化规律和 I_{DS} 随 V_{DS} 呈量子化台阶的变化现象，此起因于超薄 Si-NWFET 所具有的一维量子化的子能带结构和与之相应的一维态密度特点。

6.1.3 NWFET 的噪声特性

噪声特性是纳米线场效应晶体管中载流子输运特性研究中一个不可忽略的方面。这是因为在 NWFET 的沟道和介质栅薄膜材料中存在着一定数量的陷阱态与缺陷态，它们将会使参与输运的载流子数量和迁移率发生变化，从而影响器件的转移特性。通过测量与分析 NWFET 的低频噪声，可以提供有关介电薄膜材料和界面特性的相关信息，这对改善其载流子输运特性十分有利。

Rajan 等[8]实验研究了 Si-NWFET 的 $1/f$ 噪声与温度的依赖关系，图 6-7(a) 示出了温度为 300K 和 100K 时器件的归一化漏电流噪声幅度与 I_{DS} 之间的关系，图 6-7(b) 示出了温度为 300K 和 120K 时器件的归一化噪声功率谱密度随频率的变化。可以看出，在较低温度下测得的归一化电流噪声幅度和归一化噪声功率谱密度都小于室温 300K 时测得的值。这是由于温度的降低相对减少了存在于界面和介电薄膜中陷阱态数量的缘故。换句话说，温度的升高将会使更多的陷阱从材料与界面中获得释放，这必然会使噪声得以增加。Clement 等[9]也研究了 Si-NWFET 的电荷噪声特性，指出介电极化是引起 $1/f$ 噪声的物理起因。在 10Hz 条件下所测得的电荷噪声谱密度为 $1.6 \times 10^{-2} e \ Hz^{-1/2}$，该结果为利用 Si-NWFET 进行电学探测的计量研究打开了一个方便之门。

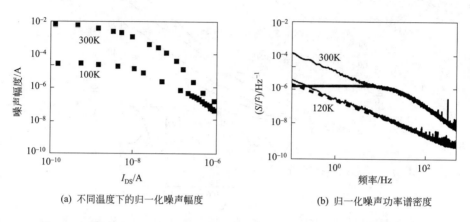

(a) 不同温度下的归一化噪声幅度　　　　(b) 归一化噪声功率谱密度

图 6-7　不同温度下 Si-NWFET 的归一化噪声幅度和归一化噪声功率谱密度

　　除此之外，Persson 等[10]研究了 InAs-NW-MOSFET 的 $1/f$ 噪声特性。该器件是在高电阻率的 Si 衬底上制作，InAs 纳米线由电子束蚀刻制备，其绝缘栅由具有高介电常数的 Al_2O_3 和 HfO_2 薄膜形成，图 6-8(a) 示出了当 $V_{DS}=50mV$ 时在不同 V_{GS} 下的电流噪声谱密度随频率的变化。可以看出，当频率不变而 V_{GS} 增加时，S_{ID} 随之增加。而当 V_{GS} 不变而频率增加时，S_{ID} 则线性减小。图 6-8（b）是测量得到的归一化电流噪声谱密度，其最好值为 $S_{ID}/I_{DS}^2=5\times10^{-9}$ Hz^{-1}，如此好的器件噪声特性归因于 Al_2O_3 介质的引入，因为它有效地改善了界面特性。

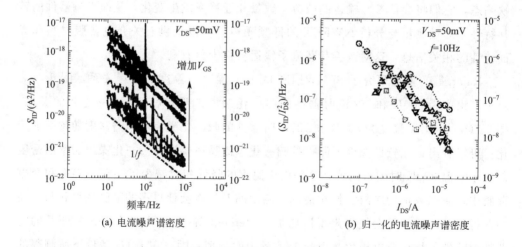

(a) 电流噪声谱密度　　　　　　　(b) 归一化的电流噪声谱密度

图 6-8　InAs-NW-MOSFET 的电流噪声谱密度和归一化的电流噪声谱密度

6.2 NWFET 的工作原理

6.2.1 NWFET 的性能特点

与常规的场效应器件相比，NWFET 的主要性能特点体现在以下几个方面：①NWFET 具有良好的沟道调制能力，由此可以使其亚阈值特性得到改善，这对抑制短沟道效应是十分有利的；②由于 NWFET 可以利用自身的沟道和围栅结构改善栅极调制能力和抑制短沟道效应，从而放松了器件对减薄绝缘栅介质层厚度的要求，这将有助于减小栅极的泄漏电流，同时也可使器件尺寸得到进一步减小；③纳米线沟道可以是非掺杂的，这样就减少了电离杂质散射与库仑散射效应；④由于纳米线沟道具有量子限制效应，从而使沟道内参与输运的载流子远离表面分布，这就进一步减小了表面散射和横向电场对载流子输运的影响[11]。

6.2.2 NWFET 的沟道电势分布

与常规的场效应器件相同，一个典型 NWFET 的器件结构也是由源极、栅极、沟道和漏极四个部分组成。对于一个 Si-NWFET 而言，其沟道的电势分布可由人们所熟知的泊松方程给出[12]：

$$\Delta^2 \phi(x, y, z) = \frac{-q(n \pm N)}{\varepsilon_0 \varepsilon_{Si}} \tag{6-1}$$

式中，q 为电子电荷；n 为沟道中的载流子浓度；N 为电离杂质浓度（"$+$"和"$-$"号分别表示电离施主与电离受主杂质）；ε_0 和 ε_{Si} 分别为真空介电常数与 Si 的相对介电常数。图 6-9 示出了栅极和漏极电场在不同方向对沟道电势的调制。其中，x 为漏极电场方向，而 y 与 z 为栅极电场方向。

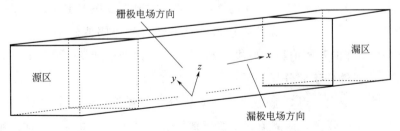

图 6-9 栅极和漏极电场在不同方向对沟道电势的调制

当 Si-NWFET 处于截止状态时，沟道是全耗尽的，此时其载流子浓度为零。

利用围栅结构所对应的边界条件，可以得到沟道表面电势所满足的一维泊松方程为[13]：

$$\frac{d^2\phi_i(x)}{dx^2} - \frac{\phi_i(x) - \phi_{GS} - \phi_{bi}}{\lambda^2} = \frac{qN_A}{\varepsilon_0\varepsilon_{Si}}$$ (6-2)

假设沟道掺杂为弱 p 型，上式中的 ϕ_{GS} 和 ϕ_{bi} 分别表示栅级相对于源极的电势和内建电势，而且有：

$$\lambda = \sqrt{2\varepsilon_{Si}d_{Si}^2\ln(1+2d_{OX}/d_{Si})/16\varepsilon_{OX}}$$ (6-3)

式中，λ 称为本征长度，它与栅极材料类型和沟道结构的具体边界条件有关；d_{Si} 为 Si 纳米线层的厚度；d_{OX} 为栅氧化层厚度。

电子从源区向沟道的注入数量，取决于沟道中电子势能的最大值 ϕ_f^0。当器件处于截止状态时，则有：

$$\phi_i^0 \approx 2\sqrt{-(\phi_{bi}+\phi_{GS})[\phi_d-(\phi_{bi}+\phi_{GS})]} \cdot \exp(-L/2\lambda) + \phi_{bi} + \phi_{GS}$$ (6-4)

对于一个理想的场效应器件来说，ϕ_f^0 不受漏极电势 ϕ_d 的影响，即要求上式中的有效沟道长度 $L \gg \lambda$。而在实际情形中，要求 L 与 λ 的比值不小于 5。λ 的物理含义是：表示漏极电势向沟道内的渗透距离，具体而言是漏极电压对沟道最大电势的调制能力。显然，λ 值越小，抑制沟道效应的能力则越强。

6.2.3 NWFET 的亚阈值斜率

亚阈值斜率 S 也称亚阈值摆幅，其定义为在场效应晶体管亚阈值区的源-漏电流 I_{DS} 增加一个数量级所需增大的栅电压 V_{GS}，它反映了电流从关态到开态的转换陡直度，它对应于采用半对数坐标的器件转移特性曲线（I_{DS}-V_{GS}）中亚阈值区线段斜率的倒数。S 可由下式表示：

$$S = \frac{dV_{GS}}{d(\lg I_{DS})}$$ (6-5)

研究指出，随着器件特征尺寸的缩小，器件需要在低压下工作。为了保证一定的速度需要降低阈值电压，这就要求器件具有陡直的亚阈值斜率，以降低关态电流。Si-MOS 器件的亚阈值特性取决于 Si 膜厚度、掺杂浓度及沟道长度等因素。当 Si 膜较厚时，器件处于部分耗尽模式，亚阈值斜率与体 Si 类似，而且随着沟道掺杂浓度的增大而增大。当 Si 膜较薄时，器件处于全耗尽模式。由于沟道区与衬底之间的隐埋氧化层隔离，亚阈值斜率接近理想情况（60mV/dec）。而且，随着沟道掺杂浓度的增大，亚阈值斜率进一步减小。由于全耗尽器件的耗尽层宽度取决于 Si 膜层厚度，亚阈值斜率对 Si 膜层厚度不太敏感。当掺杂浓度增大时，电场强度增加，载流子移向前界面，栅控能力增强，使亚阈值斜率减小。对于 Si-NWFET 而言，亚阈值斜率的大小取决于纳米线的长度和直径、纳米线中的掺杂以及沟道电势等多种因素。图 6-10 示出了一个 NMOSFET 的 I_{DS} 与 V_{GS} 关系的半对数曲线。

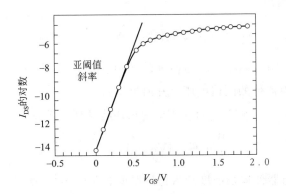

图 6-10 I_{DS} 与 V_{GS} 关系的半对数曲线

6.3   NWFET 的转移特性

6.3.1   场效应晶体管的转移特性

场效应晶体管的转移特性，通常是指其源-漏电流 I_{DS} 随源-漏电压 V_{DS}（或栅-源电压 V_{GS}）的变化规律与特点，图 6-11 示出了一个典型 MOSFET 的 I_{DS} 随 V_{DS}

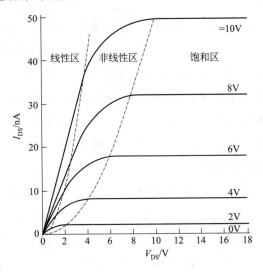

图 6-11   一个典型 MOSFET 的 I_{DS} 随 V_{DS} 的变化关系

的变化。由图可以看出，该转移特性共分三个区域，即线性区域、非线性区域和饱和区域。

在线性区域，I_{DS} 随 V_{DS} 的变化是呈单调线性增加的。此时，$V_{DS} \ll (V_{GS} - V_T)$，于是 I_{DS} 可由下式给出：

$$I_{DS} = \frac{W}{L} \mu_n C_{OX} \left(V_{GS} - V_T - \frac{V_{DS}}{2} \right) V_{DS} \tag{6-6}$$

式中，W 为器件的沟道宽度；L 为器件的沟道长度；μ_n 为载流子迁移率；C_{OX} 为氧化层电容；V_T 为器件的阈值电压（开启电压）。

在非线性区域，I_{DS} 随 V_{DS} 的变化呈现出非线性变化关系：

$$I_{DS} = \frac{W}{L} \mu_n C_{OX} \left(V_{GS} - V_T - \frac{MV_{DS}}{2} \right) V_{DS} \tag{6-7}$$

式中，M 是一个与器件掺杂浓度和氧化层厚度有关的函数。

而在饱和区域，I_{DS} 基本上不随 V_{DS} 变化，于是有：

$$I_{DS} = \frac{W}{2ML} \mu_n C_{OX} (V_{GS} - V_T)^2 \tag{6-8}$$

跨导是表征场效应晶体管性能的另一个重要参数。在饱和区域，器件的跨导可表示为：

$$g_m = \frac{dI_{DS}}{dV_{GS}} \bigg|_{V_{DS}} = \frac{W}{ML} \mu_n C_{OX} (V_{GS} - V_T) \tag{6-9}$$

6.3.2　隧穿 NWFET 的转移特性

如上所述，场效应晶体管的转移特性通常是指器件的 I_{DS} 随其 V_{GS} 和 V_{DS} 的变化关系以及器件所呈现的亚阈值特性（即亚阈值斜率 S）。隧穿 NWFET 是指基于带-带隧穿输运的 NWFET，它所具有的亚阈值斜率可低于常规场效应器件的极限值（60mW/dec）。而为了实现有效的带-带隧穿，所采用的纳米线材料应具有窄的带隙能量、直接跃迁性质以及小的载流子有效质量等条件。具有高掺杂的 Si 纳米线和属于ⅢA-ⅤA族的 InAs、GaSb 以及 InP 材料可以满足上述要求，因此易于实现有效的带-带隧穿或陷阱辅助隧穿。

Vallett 等[14]采用 Au 催化的固-液-固方法制作了 Si 纳米线 p$^+$-n-n$^+$ 隧穿结，并研究了 V_{GS} 从 -4V 到 -12V 变化时该器件的转移特性，图 6-12(a) 示出了 I_{DS} 与 V_{DS} 的关系。由图可以看出，随着 V_{GS} 从 -4V 逐渐增加到 -12V，其 I_{DS} 值也随之增加，此起因于 p$^+$-n-n$^+$ Si 纳米线隧穿结的带-带隧穿。然而值得注意的是，在 I_{DS}-V_{DS} 曲线上并未看到通常的负微分电阻现象，这可能是由于 n$^+$ 和 p$^+$ 掺杂区没有出现能级简并效应。此外，带隙中的陷阱态也对隧穿电流产生了一定贡献，图 6-12(b) 示出了不同 V_{DS} 下的 I_{DS} 随 V_{GS} 的变化关系。可以看出，在所有的 V_{DS} 下都呈现出很小的栅极漏电流，这意味着所测量的 I_{DS} 是由流过 Si 纳米线 p^+-n^+ 结二极管的电流所支配。同时还可以看到，随着 V_{GS} 的扫描方向 I_{DS} 呈现类磁滞回线特性，这是由在 SiO_2 和 HfO_2 栅介质层中的高密度中性氧化物陷阱态所导致。

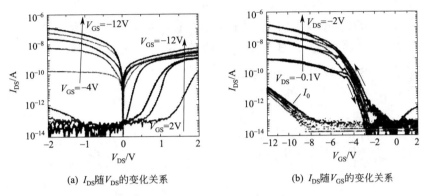

(a) I_{DS}随V_{DS}的变化关系　　　　(b) I_{DS}随V_{GS}的变化关系

图 6-12　Si 纳米线 p^+-n-n^+ 隧穿结的 I_{DS} 随 V_{DS} 和 V_{GS} 的变化关系

Tomioka 等[15]在 p^+-Si (111) 衬底上生长了高掺杂的 n^+-InAs 纳米线，并由此构建了 n^+-InAs/p^+-Si 异质结隧穿场效应晶体管，图 6-13(a) 示出了在 V_{DS} = 0.05~1.00V 范围内 I_{DS} 随 V_{GS} 的变化关系。由图可以观测到，当 V_{GS} 从 0.05V 到 1.00V 之间变化时，均观测到了亚阈值斜率为 116mV/dec 的开关行为。例如，当 V_{DS} = 0.5V 时，S = 104mV/dec。当 V_{DS} = 0.05V 时，其开/关电流比为 7×10^4。此外，当 V_{GS} 从 -0.3V 到 1.00V 之间变化时，I_{DS} 随 V_{GS} 是趋线性增加的。图 6-13(b) 示出了 I_{DS} 随 V_{DS} 的变化，可以看出在 V_{GS} = 0.5~1.00V 之间变化时，I_{DS}-V_{DS} 曲

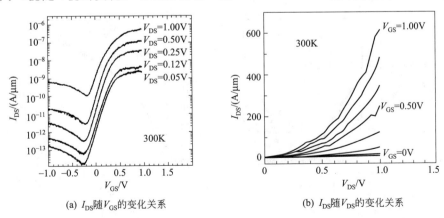

(a) I_{DS}随V_{GS}的变化关系　　　　(b) I_{DS}随V_{DS}的变化关系

图 6-13　n^+-InAs 纳米线/p^+-Si 异质结隧穿场效应晶体管的 I_{DS} 随 V_{GS} 和 V_{DS} 的变化关系

线上呈现出电流的量子化台阶现象。

Nislsson 等[16]实验研究了 InSb/InAs NWFET 的温度依赖性，图 6-14（a）和（b）分别示出了在 300K 和 77K 温度下的器件转移特性。由图可以看出，在 300K 时 InSb 纳米线的开态电流随负偏压 V_{GS} 呈饱和趋势，其值比 InAs 纳米线的开态电流高出两个数量级；当温度为 77K 时，InAs 与 InSb 纳米线的开态电流呈现出相类似的变化行为。与此同时，Borg 等[17]研究了由 GaSb 纳米线与 InAs 纳米线制作的隧穿 InAs/GaSb NWFET 的 I_{DS}-V_{DS} 转移特性。结果指出，当 V_{DS} 大于 -0.25V 时，其电流突然迅速增加，呈现类击穿特性，这种电流行为可能是由载流子从 InAs 导带到 GaSb 价带的带-带隧穿所引起。

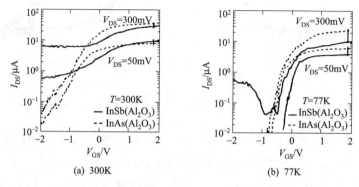

(a) 300K   (b) 77K

图 6-14   InSb/InAs NWFET 在 300K 和 77K 时的转移特性

Ganjipour 等[18]研究了 n^+-InP/p^+-GaAs 异质结纳米线隧穿场效应晶体管的转移特性，图 6-15（a）示出了该器件的 I_{DS}-V_{DS} 关系。对于反向偏置的 V_{DS}，正的栅压 V_{GS} 用于移动本征 InP 区域的导带，以此实现带-带隧穿。对于正向偏置的

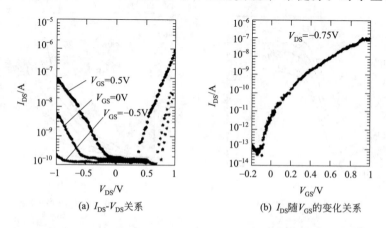

(a) I_{DS}-V_{DS} 关系   (b) I_{DS} 随 V_{GS} 的变化关系

图 6-15 n^+-InP/p^+-GaAs 异质结纳米线隧穿场效应晶体管的 I_{DS} 随 V_{DS} 和 V_{GS} 的变化

V_{DS}，正向栅压将导致 InP 一侧电子的积累或耗尽。图 6-15(b) 示出了反向偏置 $V_{DS} = -0.75V$ 时，I_{DS} 随 V_{GS} 的变化关系。很显然，I_{DS} 与 V_{GS} 的强烈依赖关系源自于带-带隧穿，该器件的开/关电流比接近 10^7。当 $V_{DS} = -0.85V$、$V_{GS} = 1V$ 时，开关电流为 $2.2\mu A/\mu m$。当 $V_{DS} = -0.75V$ 时，最小亚阈值斜率为 50mV/dec。

6.3.3　多栅 NWFET 的转移特性

与单栅 NWFET 相比，双栅与围栅等所谓的多栅 NWFET 具有更灵活地对沟道电势进行调制的能力，这将十分有利于抑制短沟道效应和改善亚阈值特性。下面，首先讨论双栅 NWFET 的器件转移特性。所谓双栅 NWFET，就是器件具有两个可以独立操作的栅极，器件可以工作在单栅（SG）模式下，也可以工作在双栅（DG）模式下。如果只有第一个栅极工作则为 SG-1 模式，而如果只有第二个栅极工作则为 SG-2 模式，如果两个栅极同时工作则为 DG 模式。

Chen 等[19]在 78 ～ 300K 温度范围内研究了直径为 70nm 的多晶 Si 双栅 NWFET 的转移特性，图 6-16(a)、(b) 和 (c) 分别示出了该器件在 SG-1、SG-2 和 DG 模式工作下的转移特性。由图 6-16(a) 可知，随着温度的升高，I_{DS} 随之而增大，其电流输运机制为热电离发射模型。由图 6-16(b) 可以看出，在 SG-2 模式工作下的器件转移特性呈现出了两点现象：一是当温度低于 200K 时，开启电压出现一个非预期的突然增加；二是当温度低于 150K 时，器件出现一个突变的开/关现象。在 78K 和 100K 时的亚阈值斜率分别为 3.4mV/dec 和 4mV/dec。而对于在 DG 模式下工作的器件，在 78K 和 100K 温度下 I_{DS} 出现了突然的增加，说明此时器件工作特性是受第二个栅极所控制。

Ahn 等[20]研究了纳米线直径为 110nm 和长度为 $1.0\mu m$ 的双栅 Si NWFET 的转移特性，图 6-17(a) 示出了当 $V_{DS2} = 0V$ 和 V_{DS1} 从 $-1.0V$ 到 $2.0V$ 变化时 I_{DS} 随 V_{DS} 的变化关系。由图可以看出，这是一种典型的常规 n-MOSFET 的 I-V 特性，图中的 $\Delta V_{GS1} = 0.5V$ 是 V_{GS1} 变化的幅度，其器件工作方式为 SG-1 模式。图 6-17(b) 则示出了当 $V_{DS} = 50mV$ 时，器件处于 DG 模式下的 I_{DS} 随 V_{GS1} 的变化关系，其 V_{GS2} 是从 $-2V$ 到 0.5V 之间变化的。由图可知，该 NWFET 的 I_{DS} 是按照 V_{GS2} 的偏置条件由 V_{GS1} 的改变而得以控制的。在 n-MOSFET 中，随着 V_{GS2} 从负偏压到正偏压增加时，开启电压 V_T 将随之减小，同时亚阈值斜率也随之降低，图中的由黑色方点组成的曲线为 $V_{GS1} = V_{GS2}$ 的 I_{DS}-V_{GS} 特性。

Si 等[21]研究了气体退火对围栅超薄 InGaAs-NW-MOSFET 转移特性的影响。结果发现，退火可以有效改变 Al_2O_3/InGaAs 的界面质量，从而导致亚阈值斜率有

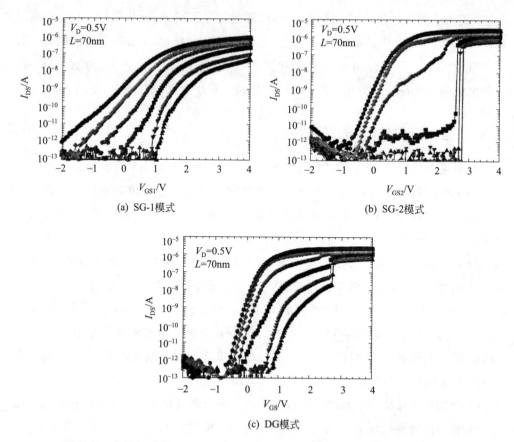

(a) SG-1模式　　　　　　　　　　　　(b) SG-2模式

(c) DG模式

图 6-16　多晶 Si 双栅 NWFET 在 SG-1、SG-2 和 DG 模式工作下的转移特性

曲线由上至下依次为：⬟ 300K；◆ 250K；● 200K；■ 150K；▼ 100K；▲ 78K

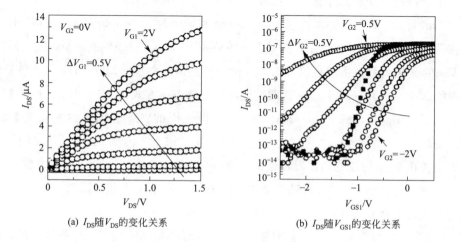

(a) I_{DS}随V_{DS}的变化关系　　　　　　(b) I_{DS}随V_{GS1}的变化关系

图 6-17　双栅 Si-NW-FET 的 I_{DS} 随 V_{DS} 和 V_{GS1} 的变化

20mV/dec 的减小。更进一步，界面质量的改善有助于器件开态特性的提高，图 6-18(a) 示出了当 $V_{GS}-V_T=0\sim0.8V$ 时 I_{DS} 随 V_{DS} 的变化。可以看出，对于在 400℃ 温度下退火 30min 的器件而言，当 $V_{DS}=0.8V$ 时器件开态电流比未退火时有 89% 的增加。与此同时，器件的亚阈值斜率由无退火时的 117mV/dec 下降到了 93mV/dec，器件的跨导 g_m 有 59% 的增加。图 6-18(b) 示出了器件的 I_{DS} 随 V_{GS} 的变化。在正栅压条件下，I_{DS} 随 V_{GS} 增加缓慢增加。而在反向偏压条件下，I_{DS} 随 V_{GS} 增加迅速减小。

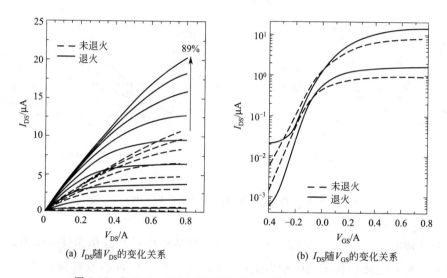

(a) I_{DS} 随 V_{DS} 的变化关系   (b) I_{DS} 随 V_{GS} 的变化关系

图 6-18 InGaAs-NW-MOSFET 的 I_{DS} 随 V_{DS} 和 V_{GS} 的变化

6.3.4 肖特基势垒 NWFET 的转移特性

利用金属或金属 Si 化物与纳米线一起构成的场效应器件称为肖特基势垒纳米线场效应晶体管（SB-NWFET）。与常规 NWFET 的工作原理不同，它是通过调制肖特基势垒的厚度控制有源区载流子通过肖特基势垒的透射系数，以达到对漏极电流进行控制的目的。理论研究指出，减小沟道宽度可以改善 SB-NWFET 的亚阈值斜率和提高器件的跨导。

Tan 等[22]以 $ErSi_{2-x}$ 为肖特基势垒和以 Si 纳米线为沟道制作了 SB-NWFET。结果指出，该器件的 I_{DS} 可达 $900\mu A/\mu m$，开/关比可达 10^5，这主要是由于低的肖特基势垒高度和具有纳米尺度肖特基结所导致，图 6-19(a) 示出了该器件的 I_{DS} 随 V_{GS} 的变化关系。可以看出，随着增加正的 V_{GS}，其转移特性曲线呈现出两个亚阈值斜率，其值分别为 180mV/dec 和 450mV/dec，此起因于电子从源极的热电离发射。然而，随着增加负的 V_{GS}，其转移特性曲线上仅呈现出一个亚阈值斜率，其值为约 660mV/dec，此起因于空穴从漏极的热电离场发射。图 6-19(b) 示出了当 V_{GS} 从 2V 到 8V 变化时器件的 I_{DS} 随 V_{DS} 的变化关系，其 V_{GS} 的改变幅度为 ΔV_{GS} =1V。由图可以看出，器件的 I-V 转移特性呈现出典型的肖特基势垒晶体管特性曲线形式。

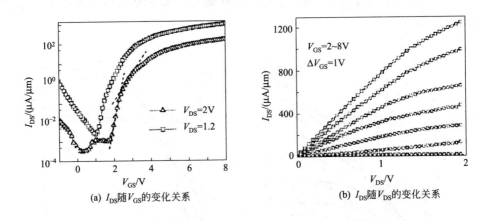

(a) I_{DS} 随 V_{GS} 的变化关系   (b) I_{DS} 随 V_{DS} 的变化关系

图 6-19   Si 纳米线 SB-NWFET 的 I_{DS} 随 V_{GS} 和 V_{DS} 的变化

与此同时，Tan 等[23] 又以 NiSi 合金为肖特基势垒和以 Si 纳米线为沟道，设计并制作了具有围栅结构的 SB-NWFET，并研究了该器件的转移特性，图 6-20(a) 和 (b) 分别示出了 I_{DS} 的随 V_{GS} 和 V_{DS} 的变化。可以看出，不管是在 V_{GS} 的正偏压方向或负偏压方向，还是在 V_{DS} 的正偏压或负偏压方向，其转移特性曲线几乎都是对称的。该器件的亚阈值斜率具有接近 60mV/dec 的近理想值，其电流开/关比大于 10^5。

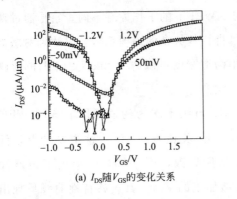 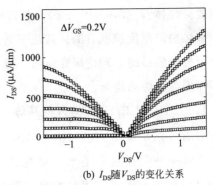

(a) I_{DS} 随 V_{GS} 的变化关系   (b) I_{DS} 随 V_{DS} 的变化关系

图 6-20   Si 纳米线 SB-NWFET 的 I_{DS} 随 V_{GS} 和 V_{DS} 的变化

6.4 NWFET 的器件应用

6.4.1 NWFET 存储器

NWFET 的一个重要器件应用是可以作为非挥发性存储。Li 等[24]利用 Si 纳米线直接构建了能提供大容量存储的非挥发性存储器，图 6-21(a) 和 (b) 分别示出了该器件的剖面结构与 I_{DS}-V_{GS} 特性。由图 6-21(a) 可以看出，背栅是 p 型的 Si 衬底，上面是一层厚度为 30nm 的 SiO_2 层，之后是采用 PECVD 生长的厚度为 60nm 的 Si_3N_4 薄膜，一个薄至 2nm 的氧化物隧穿层处于 Si_3N_4 薄膜与 Si 纳米线层之间，最上面是 SiO_2 介质覆盖层。由图 6-21(b) 的 I_{DS}-V_{GS} 特性可以看到，当背栅加有 20V 偏压时，电子将从纳米线区域隧穿过薄 SiO_2 层而进入 Si_3N_4 层中，并在 SiO_2/Si_3N_4 界面被存储，这将诱导一个正向的阈值电压漂移，并使器件处于开态。当栅压转换到 -20V 时，电子将隧穿出 SiO_2/Si_3N_4/SiO_2 叠层区域，而这将诱导一个负的阈电压漂移，从而使器件处于关态。器件在 ±20V 偏压下连续工作，并在开态和关态之间转换，实现了信息的存储功能。

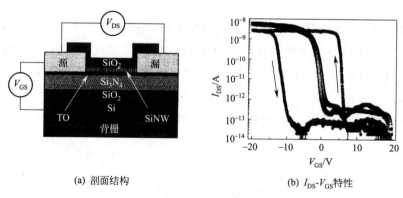

(a) 剖面结构　　　　　　　(b) I_{DS}-V_{GS}特性

图 6-21　Si 纳米线非挥发性存储器的剖面结构和 I_{DS}-V_{GS} 特性

Yu 等[25]采用 GeTe 纳米线构建了相变随机存储器，图 6-22(a) 是具有 20nm 脉冲宽度器件的"清除"特性。由图可以看到，在清除电压小于 1V 时，处于结晶状态的纳米线电阻为 $5 \times 10^4\,\Omega$。随着一个宽度为 20ns 的清除脉冲加入，电阻仍保持一个常数。而当清除电压达到 2V 时，器件电阻陡然增加，在 2.5V 时其值达到 $1 \times 10^8\,\Omega$。这是由于脉冲加入升高了纳米线的温度，使处于晶态的纳米线变为非晶态，并发生快速猝灭现象。图 6-22(b) 是施加脉冲宽度为 20μs 时器件的"写入"

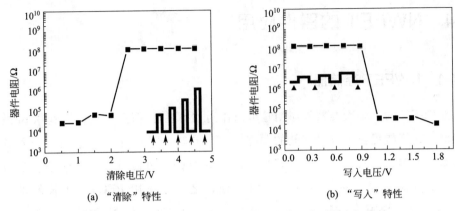

(a) "清除"特性   (b) "写入"特性

图 6-22   GeTe 纳米线相变存储器的"清除"和"写入"特性

特性，当脉冲开始加入时，器件处于一个高阻状态。至写入电压达到 0.9V 之前，器件的电阻一直保持不变。而当电压超过 0.9V 时，纳米线又从非晶态转变为晶态，由此导致电阻陡然减小。到 1.2V 以后时，器件的电阻又恢复到原来的 $5\times10^4\Omega$ 值。器件电阻的这种急剧变化显示出一个动态开关作用，其开/关比可达 2200。

6.4.2   NWFET 探测器

高灵敏的探测是 NWFET 的另一个重要应用。Salfi 等[26]对由 InAs 纳米线制作的 NWFET 所具有的单电荷探测特性进行了直接实验观测，图 6-23 示出了该 NWFET 的电荷灵敏度 dQ 随温度的变化。可以看出，当温度为 25K 时，等效电荷灵敏度 $dQ=4\times10^{-5}e\ Hz^{-1/2}$。当温度为 198K 时，等效电荷灵敏度 $dQ=6\times10^{-5}e\ Hz^{-1/2}$，此值优于由单电子器件（SET）和纳米电子机械系统（NEM）所获得

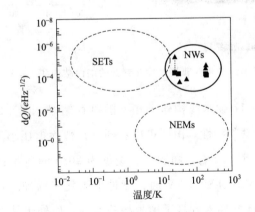

图 6-23   InAs NWFET 的等效电荷灵敏度随温度的变化

的探测灵敏度。图 6-24 示出了最大的跨导的相对调制 (G_H/G_L) 与纳米线直径的依赖关系。当温度为 25K 时，纳米线的 $G_H/G_L=2700\%$。而当温度为 31K 时，纳米线的 $G_H/G_L=4200\%$ 此值比在 300K 温度下测得单壁碳纳米管的 150% 高出 25 倍。其中，G_H 和 G_L 分别为缺陷态被电子占据和缺陷态不被电子占据的电导，即 G_H/G_L 为电导的相对调制。

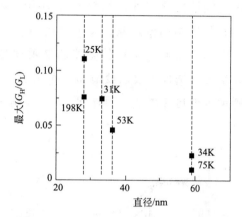

图 6-24　(G_H/G_L) 随纳米线直径的变化

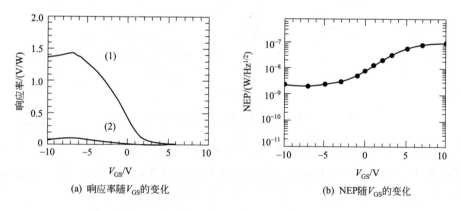

(a) 响应率随 V_{GS} 的变化　　　　(b) NEP 随 V_{GS} 的变化

图 6-25　InAs-NWFET 的响应率和 NEP 随 V_{GS} 的变化

Vitillo 等[27]利用由气相外延生长的 InAs 纳米线构建了 NWFET，并在室温条件下实验研究了该器件的太赫兹（THz）探测特性，图 6-25(a) 示出了当温度为 292K 和频率为 0.3THz 时器件的响应率随 V_{GS} 的变化。可以看出，当 $V_{DS}=0.01V$ 时，其响应率值大于 1V/W。图 6-25(b) 示出了该 NWFET 的噪声等效功率（NEP）随 V_{GS} 的变化。由图可知，当 V_{GS} 从 $+10V$ 到 $-10V$ 之间变化时，NEP 从 1×10^{-8} W/Hz$^{1/2}$ 减小到 2.5×10^{-9} W/Hz$^{1/2}$，此值是在亚阈值范围得到的最小值，由此证实该 NWFET 具有优异的探测性能。

6.4.3 NWFET 传感器

纳米线具有很大的比表面积，因此呈现出敏感的气体传感性质，可用于各类气敏传感器件的制作。Fan 等[28]制作了 ZnO 纳米线场效应器件，并研究了它对于 NO_2 和 Ar 混合气体的气敏传感特性，如图 6-26 所示。检测结果指出，随着 NO_2 气体在 NO_2/Ar 混合气体中的浓度从 1×10^{-6} 增加到 20×10^{-6}，其电流呈现出灵敏下降趋势。他们还实验研究了该传感器的灵敏度与 ZnO 纳米线半径的依赖关系，随着纳米线半径的增加，灵敏度值随之而减小。反过来说，随着纳米线半径的减小，其传感灵敏度迅速增加。很显然，气体灵敏度与纳米线半径呈反比关系。

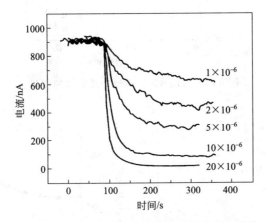

图 6-26　ZnO-NWFET 的电流随气体浓度的变化

Ahn 等[29]研究了双栅 Si-NWFET 的气敏传感特性。图 6-27(a) 和 (b) 分别示出了器件的 DG 和 SG-1 工作模式。图 6-28 示出了该器件的 pH 响应特性，其中空心

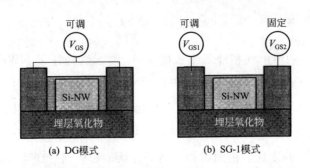

图 6-27　Si-NWFET 的 DG 和 SG-1 工作模式

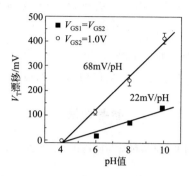

图 6-28 Si-NWFET 的 V_T 漂移随 pH 值的变化

圆圈实验曲线是 $V_{GS2}=1.0V$，即 SG-1 模式工作下的实验结果。由图可以看出，随着 pH 值的增加，开启电压 V_T 的漂移线性增加，即 pH 响应率迅速增加。而对于 DG 模式，即 $V_{GS1}=V_{GS2}$ 的情形而言，随着 pH 值的增加，V_T 的变化不大。前者的响应率为 68mV/pH，而后者的响应率为 22mV/pH。这是由于当器件处于 SG-1 模式时，有两个电流通道。当加在 GS2 上的电压 V_{GS2} 增加时，流过器件的总电流增加。这就意味着，V_T 的漂移是由于随着 V_{GS2} 的增加 pH 响应率信号被放大的缘故。

6.5 Si-NWFET 的器件集成

近年来，人们在研究 NWFET 的载流子输运和器件转移特性的同时，已开始以 Si-NWFET 为主研究 CMOS 反相器和静态存储器阵列等集成器件。但是，利用 Si-NWFET 构成集成电路仍面临着诸多难题。这主要表现在以下几个方面：①Si-NWFET 的电学性能容易受到工艺偏差的影响，因为器件的阈电压和导通电流都受沟道的截面积和表面散射的影响，而这又与 Si 纳米线的直径直接相关；②Si-NWFET 的沟道、围栅结构以及衬底中的埋层氧在控制着电荷输运的同时，还影响着器件的热传导特性，如果器件在工作时不能及时将热量耗散掉，势必会对其迁移率和亚阈值特性产生不良影响；③纳米器件自身需要工作在低电压下，这将造成器件噪声容限的降低，尽管如此，人们仍在这方面取得了一定的可喜进展，如采用自对准结构、顶-底栅结构、垂直结构以及多沟道结构等，并初步实现了 Si-NWFET 的器件集成[30-33]。

无疑，Si-NWFET 的集成技术将是今后的一个主要发展方向。实现真正意义上的 Si-NWFET 的集成，需要加强以下几个方面的工作：①开发先进的图形转移技术，实现氧化前对结构尺寸的精确对准；②深入研究自限制热氧化，并基于该工艺实现对 Si 纳米线直径的有效控制；③合理设计源-漏接触面积，研究基于体 Si 衬底的纳米线场效应晶体管，拓宽器件散热途径与通道；④优化电路设计，提高电路容差能力，其中一个重要的发展方向是 Si-NWFET 与 CMOS 组成混合电路，即可以获得比 CMOS 电路更高的集成度，又可以改善 NWFET 的器件可靠性。

参考文献

[1] Meyyanppan M, Sunkara M K. 材料科学与应用进展. 无机纳米线：应用、特性与表征. 北京：科学出版社，2012.

[2] Hashemi P, Kim M, Hennessy J, et al. Width-Dependent Hole Mobility in Top-Down Fabricated Si-Core/Ge-Shell Nanowire Metal-Oxide-Semiconductor-Field-Transistors. Appl Phys Lett, 2010, 96: 063109.

[3] Graham R, Yu D. High Carrier Mobility in Single Ultrathin Colloidal Lead Selenide Nanowire Field Effect Transistors. Nano Lett, 2012, 12: 4360.

[4] Nazarov A N, Ferain I, Akhavan D, et al. Field-Effect Mobility Extraction in Nanowire Field-Effect Transistors by Combination of Transfer Characteristics and Random Telegraph Noise Measurements. Appl Phys Lett, 2011, 99: 073502.

[5] The lander C, Martensson T, Bjork M T, et al. Single-Electron Transistor in Heterojunction Nanowires. Appl Phys Lett, 2003, 83: 2052.

[6] Huang S, Fukuda N, Shimizu M, et al. Classical Coulomb Blockade of a Silicon Nanowire Dot. Appl Phys Lett, 2008, 92: 213110.

[7] Yi K S, Trvedi K, Floresca H C, et al. Room-Temperature Quantum Confinement Effects in Transport Properties of Ultrathin Si Nanowire Field-Effect Transistors. Nano Lett, 2011, 11: 5465.

[8] Rajan N K, Routenberg D A, Chen J, et al. Temperature Dependence of 1/f Noise Mechanisms in Silicon Nanowire Biochemical Field Effect Transistors. Appl Phys Lett, 2010, 97: 243501.

[9] Clement N, Nishiguchi K, Dufreche J F, et al. A Silicon Nanowire Ion-Sensitive Field-Effect Transistor with Elementary Charge Sensitivity. Appl Phys Lett, 2011, 98: 014101.

[10] Persson K M, Malm B G, Wermersson L E. Surface and Contribution to 1/f Noise in InAs Nanowire Metal-Oxide-Semiconductor Field-Effect Transistors. Appl Phys Lett, 2013, 103: 033508.

[11] 张严波，熊莹，杨香，等. Si 纳米线效应晶体管研究进展. 微纳电子技术，2009，46：641.

[12] Appenzeller J, Knoch J, Bjork M T, et al. Toward Nanowire Electronics. IEEE Trans Electron Devices, 2008, 55: 2827.

[13] Sze S M, Ng K K. Physics of Semiconductor Devices. Hoboken, New Jersey: John Wiley & Sons Inc, 2007.

[14] Vallett A L, Minassian S, Kaszuba P, et al. Fabrication and Characterization of Axially Doped Silicon Nanowire Tunnel Field-Effect Transistors. Nano Lett, 2010, 10: 4813.

[15] Tomioka K, Fukui T. Tunnel Field-Effect Transistor Using InAs Nanowire/Si Heterojunction. Appl Phys Lett, 2011, 98: 083114.

[16] Nislsson H A, Caroff P, Thelander C, et al. Temperature Dependent Properties of InAs Nanowire Field-Effect Transistors. Appl Phys Lett, 2010, 96: 153505.

[17] Borg B M, Dick K D, Canjipour B, et al. InAs/GaSb Heterostructure Nanowires for Tunnel Field-Effect Transistors. Nano Lett, 2010, 10: 4080.

[18] Ganjipour B, Wallentin J, Borgstrom M T, et al. Tunnel Field-Effect Transistor Based on InP-GaAs Heterostructure Nanowires. ACS Nano, 2012, 4: 3109.

[19] Chen W C, Lin H C, Lin Z M, et al. A Study on Low Temperature Transport Properties of Independent Double-Gated Poly-Si Nanowire Transistors. Nanotechnology, 2010, 21: 435201.

[20] Ahn J H, Choi S J, Han J W, et al. Double-Gate Nanowire Field Effect Transistor for a Biosensor. Nano Lett, 2010, 10: 2934.

[21] Si M W, Gu J J, Wang X W, et al. Effects of Forming Gas Anneal on Ultrathin InGaAs Nanowired Metal-Oxide-Semiconductor Field-Effect Transistors. Appl Phys Lett, 2013, 102: 093505.

[22] Tan E J, Pey K L, Singh N, et al. Demonstration of Schottky Barrier NMOS Transistors with Erbium Silicide Source/Drain and Silicon Nanowire Channel. IEEE Electron Device Letters, 2008, 29: 1167.

[23] Tan E J, Pey K L, Singh N, et al. Nickel-Silicide Schottky Junction CMOS Transistors with Gate-All-Around Nanowire Channels. IEEE Electron Device Letters, 2008, 29: 902.

[24] Li Q, Zhu X, Xiong H D, et al. Silicon Nanowire on Oxide/Nitride/Oxide for Memory Application. Nanotechnology, 2007, 18: 235204.

[25] Yu B, Sun X, Ju S, et al. Chalcogenide-Nanowire-Based Phase Change Memory. IEEE Trans Nanotechnol, 2008, 7: 496.

[26] Salfi J, Savelyev I G, Blumin M, et al. Direct Observation of Single-Charge-Detection Capability of Nanowire Field-Effect Transistors. Nature Nanotechnology, 2010, 5: 737.

[27] Vitillo M S, Coguillat D, Vitti L, et al. Room-Temperature Terahertz Detectors based on Semiconductor Nanowire Field-Effect Transistors. Nano Lett, 2012, 12: 96.

[28] Fan Z, Lu J G. Chemical Sensing with ZnO Nanowire Field-Effect Transistor. IEEE Trans Nanotechnology, 2006, 17: 2266.

[29] Ahn J H, Kim J Y, Seol M L, et al. A pH Sensor with a Double-Gate Silicon Nanowire Field-Effect Transistor. Appl Phys Lett, 2013, 102: 083701.

[30] Li Q L, Zhu X X, Yang Y, et al. The Large-Scale Integration of High-Performance Silicon Nanowire Field Effect Transistors. Nanotechnology, 2009, 20: 415202.

[31]　Kim H Y, Lee K, Lee J W, et al. Electrical Properties of High Density Arrays of Silicon Nanowire Field Effect Transistors. J Appl Phys, 2013, 114: 144503.

[32]　Wong W S, Raychaudhuri S, Lujan R, et al. Hybrid Si Nanowire/Amorphous Silicon FETs for Large-Area Image Sensor Arrays. Nano Lett, 2011, 11: 2214.

[33]　Rosaz G, Salem B, Pauc N, et al. Vertically Integrated Silicon-Germanium Nanowire Field-Effect Transistor. Appl Phys Lett, 2011, 99: 193107.

第7章
纳米线场发射器件

场发射材料在真空微电子器件和场发射显示领域中具有广阔的应用前景。表征材料场发射特性优劣的主要性能指标有场发射电流密度、发射阈值场强、场发射增强因子与场发射稳定性等。除了金属材料之外，由于各种纳米线所具有的特殊结构形状，良好的电学性质、力学特性与热稳定性，因此也是场发射器件的理想阴极材料。

本章将首先介绍场发射的基本原理，然后着重介绍与讨论几种主要纳米线，如Si 与 Si 化物纳米线、ZnO 与 GaN 纳米线、金属与金属氧化物纳米线的场发射特性及其在场发射器件中的应用。

7.1 场发射的基本原理

7.1.1 场发射电子源

场发射是利用肖特基效应，将指向半导体表面的强电场作用于半导体表面，使其表面势垒降低和变窄。当势垒宽度窄到可以同电子波长相比拟时，电子的量子隧穿效应开始起作用。此时，部分高能电子将会顺利地穿过表面势垒进入真空中，从而实现场发射。

场发射器件中最主要的部分是场发射电子源[1]。对发射源的基本要求是，它应具有最小的势垒，而这取决于材料自身的物理属性，如功函数或电子亲和势等。一个理想的场发射电子源应具有亮度高、电流密度大、可室温发射、结构尺寸小、低电压工作以及稳定性好等特点。为了能在发射体表面达到更强的电场，通常是将发射体制备成针尖形状，这样即使在较低电压下也能产生很强的电场。与热阴极不同的是，冷阴极场发射是靠外加电场使势垒变薄，电子利用隧穿输运进入真空中，而不是依靠热能使电子越过势垒进入真空。

7.1.2　场发射电流

为了更深入地描述场致电子发射的物理图像，需要给出场发射电流密度的具体表达式。研究指出，场发射电流的大小除了与外加电场有关之外，还与材料的功函数、场发射增强因子以及电子质量等因素密切相关。

描述场发射电流密度（J）的表达式是人们所熟知的 Fowler-Nordbeim 公式，即：

$$J = AE^2 \exp(-\frac{B}{E}) \tag{7-1}$$

式中，E 为电场强度；A 和 B 是与材料性质和场发射结构有关的常数。

通常情形下，为了便于判别电子源是否具有场发射特性，可将式(7-1)改写为 Fowler-Nordhbeim 线性公式，于是有：

$$\ln(\frac{J}{E^2}) = \ln A - \frac{B}{E} \tag{7-2}$$

以上二式均是从三角形势垒推导出的。将 A 与 B 有关常数代入式(7-1)中，可得场发射电流密度为[2]：

$$J = \frac{1.54 \times 10^{-6} E^2}{\phi t^2 (e^3 E / \phi)} \exp[-6.83 \times 10^7 \frac{\phi^{3/2}}{E} \upsilon(3.39 \times 10^{-4} \frac{E^{1/2}}{\phi})] \tag{7-3}$$

式中，J 为温度 $T = 0K$ 时的电流密度；ϕ 为材料的功函数；函数 $t^2(e^3 E / \phi)$ 在所讨论的场发射材料与场强范围内的值接近于 1，函数 $\upsilon(3.39 \times 10^{-4} \frac{E^{1/2}}{\phi})$ 为 Nordheim 函数，其数值范围为 0～1。

由式(7-3)所给出的场发射电流密度表达式可以看出，J 与电场强度 E 和功函数 ϕ 有着密切依赖关系。当选定了某种场发射材料后，通过改变外加电场的大小，便能够灵活地调控电流密度，这是场发射电子源的一个突出特点。描述纳米线场发射特性的主要参数有场发射电流或电流密度、开/关电场、发射阈值场强、功函数和场发射增强因子等。

7.1.3　电子发射的功函数

功函数是电子从发射体材料的费米能级进入真空的最小能量，任何一种材料的场发射特性主要依赖于其功函数的大小。一般而言，功函数与材料本身的物理性质有关。除此之外，还与其结构形状以及杂质在表面的吸附与解吸等因素相关。

图 7-1(a) 和 (b) 分别示出了热平衡条件（$V=0$）和具有外加偏压（$V>0$）的情形下，一个典型的发射体样品与参考电极接触的能带图[3]。其中，E_0为真空能级，E_1 和 E_2 分别为参考电极与发射体样品的费米能级，ϕ_1 和 ϕ_2 分别为二者的功函数。当有一偏压 V_b 加到二者的表面时，能带发生倾斜。当$E_1=E_2$ 时，则有：

$$\phi_1 = \phi_2 + V_b \tag{7-4}$$

由此可以确定出发射体样品的功函数值。

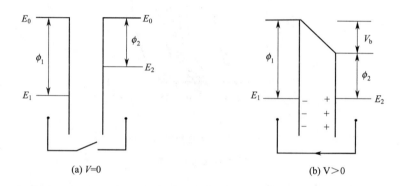

(a) $V=0$　　　　(b) $V>0$

图 7-1　场发射体与参考电极接触的能带图

7.2　Si 与 Si 化物纳米线的场发射特性

7.2.1　Si 纳米线的场发射

如前所述，Si 纳米线是最典型和最重要的一维纳米材料。它所具有的独特 Sp3 杂化轨道价键晶体结构和较低的功函数，以及能与 Si 微电子工艺相兼容的优异性质，使其在场发射器件中显示出潜在的重要应用。

Si 纳米线场发射特性的早期研究工作，是由香港城市大学的研究小组完成的[4]。最初，他们着重实验研究了 Si 纳米线直径 d（阳极-阴极间距）对场发射特性的影响。结果指出，随着 Si 纳米线直径的减小，其场发射特性逐渐增强。实验还观测到，对 Si 纳米线进行氢离子处理以去除表面氧化物，可以显著增强场发射的均匀性。图 7-2 是 $d=10\sim90\mu m$ 时所测得的 Si 纳米线场发射电流与外加电压的关系。很显然，随着 d 的逐渐增加，使 Si 纳米线的发射电流升至相同大小的加电压也随之变大。当电场中发射出 0.01mA/cm^2 的电流密度时，所对应的发射阈值场强为 $13\text{V}/\mu\text{m}$。图 7-3 示出了 Si 纳米线的 $\lg(1/E^2)\propto(1/E)$ 关系曲线。由图可见，曲线为一组准平行的直线，表明 Si 纳米线的场发射是基于载流子通过势垒的隧穿，由此所估计到的场发射增强因子为 500 和功函数为 3.6eV。

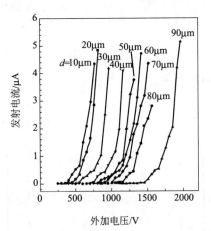

图 7-2　Si 纳米线的发射电流

与外加电压的关系

Chen 等[5]采用高密度氢等离子体直接蚀刻方法，在 Si(110) 衬底上制备了均匀、大面积和垂直排列的 Si 纳米线，并研究了其场发射特性。图 7-4 示出了场发射电流随外加偏压的关系。不难看出，随着阳极-阴极间距的不断增加，其发射阈值场强也随之变大。当阳极-阴极间距分别为 20nm、40nm、60nm、80nm、100nm

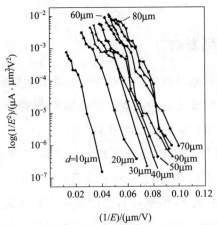

图 7-3　Si 纳米线的 $\lg(1/E^2)\propto(1/E)$

关系曲线

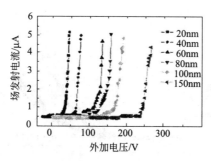

图 7-4 Si 纳米线的场发射电
流随外加偏压的变化

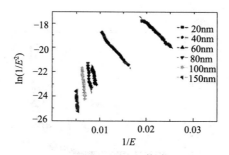

图 7-5 Si 纳米线 $\ln(1/E^2)\propto(1/E)$
关系曲线

和 150nm 时，若产生 $1\mu A$ 的发射电流，其相应的外加偏压分别为 35V、66V、98V、130V、163V 和 245V。由图 7-5 所示的该纳米线的 $\ln(1/E^2)\propto(1/E)$ 关系曲线不难看出，这些曲线也呈现出类平行线的特点。令人感兴趣的是，当 $d=20nm$ 时在高偏压区域显示出一种非线性行为，这可能是由于纳米线在大电流工作下所出现的电子空间电荷效应所导致。

Chueh 等[6]利用沉积方法，通过对 Si(001) 衬底上生长的 FeSi 纳米量子点的高温退火形成了类锥形的 Si 纳米线，并研究了该纳米线的强场发射特性。结果指出，Si 纳米线的开/关场强为 $6.3\sim7.3V/\mu m$，发射阈值场强为 $9\sim10V/\mu m$，两种情形下的场发射增强因子分别为 700 和 1000，这种优异的场发射特性归因于单晶 Si 纳米线的类锥形几何形状，图 7-6 示出了该纳米线的发射电流密度与外加电场的依赖关系。此外，具有 Er 掺杂 Si 纳米线的场发射特性已由 Huang 等所研究[7]。结果证实，该纳米线的发射阈值场强为 $4.6V/\mu m$，场发射增强因子高达 1260。可以认为，场发射机理是电子从导带隧穿势垒而进入真空中，其场发射特性如图 7-7 所示。

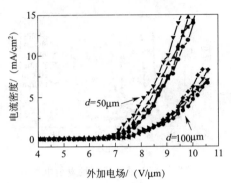

图 7-6　类锥形 Si 纳米线发射电
流密度与外加电场的关系

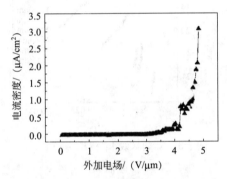

图 7-7　Er 掺杂 Si 纳米线的场发射特性

7.2.2　Si 化物纳米线的场发射

所谓 Si 化物是由 Si 与其他元素的原子（如 C、Cr、Ni 或 Ta 等）形成的化合物。由于各种 Si 化合物纳米线具有良好的电子输运特性、力学特性和热电性质，因此在未来的场发射器件中具有重要的实际应用。

7.2.2.1　SiC 纳米线

Kim 等[8]采用 MOCVD 工艺在由 Ni 覆盖的 Si 衬底上生长了长度为几十微米的 SiC 纳米线，并以此制作了类二极管型的低电压场发射显示器件。测试结果指出，该场发射显示器件具有非常稳定的场发射特性，图 7-8 示出了场发射电流与电场强度的依赖关系。可以看出，无论是热老化处理前，还是经过热老化处理后的样品，其发射阈值场强和场发射增强因子均无明显变化。例如，在未经热老化处理时，发射阈值场强和场发射增强因子分别为 $2.02 \text{V}/\mu\text{m}$ 和 2.06×10^3。而经 2.5h、4.5h 和 7.5h 热老化处理后，发射阈值场强分别为 $2.0 \text{V}/\mu\text{m}$、$2.0 \text{V}/\mu\text{m}$ 与

$2.17V/\mu m$，场发射增强因子分别为 1.99×10^3、2.17×10^3 与 2.06×10^3。与此同时，Li 等[9]研究了由化学气相反应直接合成的 β-SiC 纳米线的场发射特性与纳米线形貌特征之间的相关性。结果证实，对于具有毛毡形貌的 SiC 纳米线，其开/关场强和发射阈值场强分别为 $2.0V/\mu m$ 和 $5.3V/\mu m$。对于准直型的 SiC 纳米线，其开/关场强和发射阈值场强分别为 $1.0V/\mu m$ 和 $2.5V/\mu m$。而对于弯曲型的 SiC 纳米线，其开/关场强和发射阈值场强分别为 $1.5V/\mu m$ 和 $3.25V/\mu m$，图 7-9 分别示出了三种情形下 SiC 纳米线的场发射电流密度随外加电场的变化。

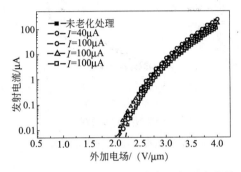

图 7-8 SiC 纳米线场发射电流与电场强度的关系

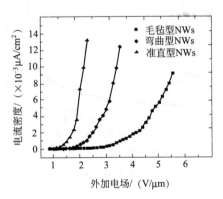

图 7-9 β-SiC 纳米线的场发射特性

7.2.2.2 金属 Si 化物纳米线

各种金属 Si 化物纳米线也是一类重要的场发射阴极材料。Liu 等[10]在 605℃ 的温度下，利用 SiH_4 气体在 Ni 薄片上的热分解反应合成了 Ni_2Si 纳米线。当阳极-阴极间距为 $270\mu m$ 时，所测得的开/关电场为 $3.7V/\mu m$，场发射增强因子高达 4280 和功函数为 4.8eV。如此高的场发射增强因子归因于微细化的 Ni_2Si 针尖和其特异的结构形式，图 7-10 示出了其场发射电流密度与电场强度的依存关系。具有非常好场发射特性的垂直排列外延型 $Ni_{31}Si_{12}$ 纳米线阵列已由 Lee 等进行了实验研究[11]。结果证实，当 $Ni_{31}Si_{12}$ 纳米线与发射极表面之间的距离为 $200\mu m$ 时，其开/关场强为 $1.0V/\mu m$，由计算得到的场发射增强因子为 3190。由 $\ln(1/E^2)\propto(1/E)$ 曲线得到的功函数为 4.8eV，此值与 Ni_2Si 的功函数值相符合。图 7-11 示出了 $Ni_{31}Si_{12}$ 纳米线的场发射电流密度随外加电场的变化。

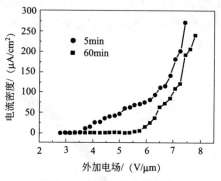

图 7-10　Ni_2Si 纳米线场发
射电流密度与电场强度的关系

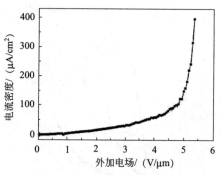

图 7-11　$Ni_{31}Si_{12}$ 纳米线的场
发射电流密度随外加电场的变化

Kim 等[12]测试分析了单根 $TaSi_2$ 纳米线的场发射特性。研究表明，场发射的阈值电压为 40V，场发射电流增至 20nA 时的外加电压为 100V。在阳极和 $TaSi_2$ 阴极之间具有均匀的电势分布，其场发射增强因子为 262，图 7-12 示出了该纳米线的发射电流随外加电压的变化关系。图 7-13 示出了具有单晶结构的 $CrSi_2$ 纳米线的场发射特性，由图看出当开/关电场强度为 $2.8V/\mu m$ 时，其场发射电流密度为 $0.1mA/cm^2$。当电场强度达到 $3.6V/\mu m$ 时，最大场发射电流密度为 $1.86mA/cm^2$，其场发射增强因子为 1140。除此之外，该纳米线还具有良好的热稳定性和导电特性，由此证实它可用于场发射显示器件的设计与制作[13]。

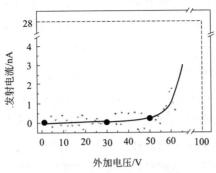

图 7-12　TaSi₂ 纳米线发射电

流随外加电压的变化关系

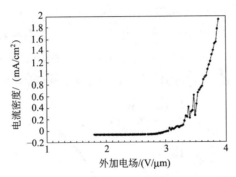

图 7-13　CrSi₂ 纳米线的场发射特性

7.3　ZnO 与 GaN 纳米线的场发射特性

7.3.1　ZnO 纳米线的场发射

ZnO 是一种IIB-VIA 族氧化物半导体材料，由于它具有宽禁带、直接带隙与大激子束缚能等优异物理性质，使其在未来的电子输运器件与光电子器件中具有广阔的应用前景。毫无疑问，ZnO 纳米线的制备与场发射特性研究也是人们所关注的焦点之一。

7.3.1.1　垂直排列 ZnO 纳米线的场发射

Ulisse 等[14]在 300～473K 温度范围内研究了垂直排列 ZnO 纳米线的场发射特性，该纳米线在 473K 温度下的场发射电流密度随外加电场的变化如图 7-14 所示。实验发现，在低电场条件下该纳米线呈现出肖特基发射行为，而在高电场条件下该纳米线则由热场发射模型所支配。肖特基发射的阈值场强为 $2V/\mu m$，而热场发射的阈值场强为 $4V/\mu m$。该纳米线的功函数为 5.3eV，场发射增强因子为 1178。Semet 等[15]

在具有 F 掺杂的 SnO_2 衬底上，利用 $ZnCl_2$ 的电沉积合成了垂直排列的 ZnO 纳米线，并测量了其场发射特性，获得了以下两个方面的实验结果：①当场发射电流为 $5×10^{-4}A/cm^2$ 时，其开/关电场为 $6V/\mu m$，在 $5×10^{-4}\sim5×10^{-2}A/cm^2$ 的场发射电流范围内，该纳米线阵列呈现出稳定的场发射行为；②当场发射电流密度达到 $0.05A/cm^2$ 时，由于 ZnO 纳米线顶部由针尖状向球状的演化，其场发射电流急剧减小。Yang 等[16]将均匀单层石墨烯转移到垂直排列的 ZnO 纳米线阵列，以产生高密度的纳米尺度突起物，这将有利于场发射特性的改善。其中，为了能够实现石墨烯的有效转移，采用聚甲基丙烯酸甲酯（PMMA）作为支撑层，以便提供一个准平坦的表面。该纳米线阵列的场发射电流密度随外加电场的变化如图 7-15 所示。由图可见：当 ZnO 纳米线阵列无石墨烯覆盖时，看不到明显的场发射特性，如图中的曲线①所示；而对于石墨烯/ZnO 纳米线结构，当电场强度为 $6.8V/\mu m$ 时，获得了 $1\mu A/cm^2$ 的场发射电流密度，如图中的曲线②所示；更进一步，对于石墨烯/PMMA/ZnO 纳米线结构，当电场强度为 $5.4V/\mu m$ 时，获得了 $1\mu A/cm^2$ 的场发射电流密度，如图中曲线③所示。易于看出，单层石墨烯的覆盖大大增强了 ZnO 纳米线阵列的场发射特性。

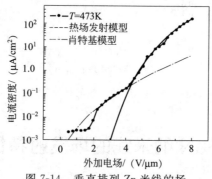

图 7-14　垂直排列 Zn 米线的场
发射电流密度随外加电场的变化

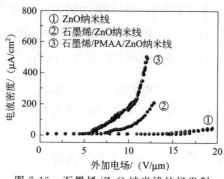

图 7-15　石墨烯/ZnO 纳米线的场发射
电流密度随外加电场的变化

7.3.1.2 交叉弯曲 ZnO 纳米线的场发射

由于 ZnO 纳米线可以采用各种方法制备，因此所合成的 ZnO 纳米线具有各式各样的形貌特征。以上我们主要介绍了垂直排列 ZnO 纳米线的场发射特性，下面将简要介绍具有交叉状 ZnO 纳米线的场发射。Chen 等[17]在 Al/ZnO 缓冲层上采用磁控溅射方法合成了 ZnO 纳米线，由于所形成的纳米线直径不相同，因此使其场发射特性也不尽相同，图 7-16 示出了当 ZnO 纳米线直径分别为 74nm、129nm 和 374nm 时的场发射电流密度随外加电场的变化。可以看出，当场发射电流密度达到 $10mA/cm^2$ 时的电场分别为 $3.0V/\mu m$、$4.1V/\mu m$ 和 $9.4V/\mu m$，所获得的场发射增强因子分别为 10412、9539 和 1009。Zhao[18]利用 N 注入的 ZnO 纳米线获得了场发射电流密度高达 $10.3mA/cm^2$ 的场发射特性，可推测其将在未来的平板显示和高亮度电子发射源中具有重要应用，图 7-17 示出了其场发射电流密度与外加电场的关系。可以看到，当场发射电流密度为 $0.1mA/cm^2$ 时，直接生长的 ZnO 纳米线样品和具有 N 注入的 ZnO 纳米线样品，其开/关电场分别为 $3.1V/\mu m$ 和 $2.4V/\mu m$。当场发射电流密度为 $1mA/cm^2$ 时，二者的发射阈值场强分别为 $5.8V/\mu m$ 和 $4.2V/\mu m$。这一结果清楚地证实，N 注入显著改善了 ZnO 纳米线的场发射特性，这是由于 N 注入引起的与表面相关的缺陷起了重要作用。Xu 等[19]构建了 ZnO 纳米线/Si 纳米柱阵列异质结构。场发射特性的研究证实，其开/关电场为 $1.65V/\mu m$，场发射电流密度达到 $1.55\mu A/cm^2$ 时的外加电场为 $4.0V/\mu m$，其场发射增强因子为 3141。很显然，该结构的场发射性能远优于 nc-Si 材料。

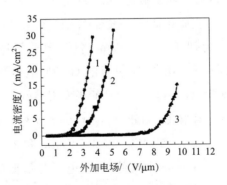

图 7-16 不同直径 ZnO 纳米线的场
发射电流密度随外加电场的变化
1—74mm，2—129nm；3—374nm

2011 年，Kang 等[20]采用在 ZnO 纳米粒子籽晶上利用直接图形化工艺与其后的局域低温热生长方法制备了 ZnO 纳米线阵列，进而制作了高性能的场发射器件。实

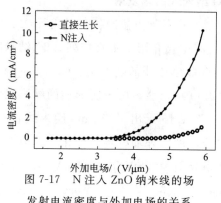

图 7-17　N 注入 ZnO 纳米线的场
发射电流密度与外加电场的关系

验证实，由该场发射器件获得的场发射开/关电场低达 1.6pV/cm。当阴极和阳极间距分别为 $5\mu m$、$10\mu m$ 和 $20\mu m$ 时，其场发射增强因子分别达到了 1202、939 和 678。

7.3.2　GaN 纳米线的场发射

被誉为第三代半导体材料的 ⅢA 族氮化物 GaN，因其所具有的直接带隙和宽禁带性质，使其在蓝光发射器件中已经获得了成功应用。除此之外，GaN 纳米线的场发射特性也是一个不可或缺的重要研究方面。早期的工作中，Luo 等[21]研究了 GaN 纳米带的场发射特性，发现当场发射电流密度为 $0.1\mu A/cm^2$ 时，其开/关电场为 $6.1V/\mu m$，这一相对较低的开/关电场归因于类鱼骨状 GaN 纳米带所具有的锯齿形边缘这一特殊形貌。如果假定 GaN 的电子亲和势为 3.3eV，可估算出其场发射增强因子为 1600。实验还证实，该 GaN 纳米带在 $13.4V/\mu m$ 的电场下具有良好的场发射稳定性。为便于比较，Tang 等[22]研究了四种类型的纳米线、即 GaN 纳米线、Ga_2O_3 纳米线、由 GaN 包封的 Ga_2O_3 纳米线（GaN/Ga_2O_3）和由 Ga_2O_3 包封的 GaN 纳米线（Ga_2O_3/GaN）的场发射特性，获得了令人感兴趣的结果。GaN 纳米线、Ga_2O_3 纳米线、GaN/Ga_2O_3 纳米线与 Ga_2O_3/GaN 纳米线各自的开/关电场分别为 $4.3V/\mu m$、$6.2V/\mu m$、$4.7V/\mu m$ 和 $2.6V/\mu m$。很显然，在以上四种纳米线中，Ga_2O_3/GaN 纳米线的开/关电场是最低的。分析指出，这种改善的场发射特性起因于电子在包封氧化物表面的积累和界面电子的分布，是它们导致了费米能级的漂移和功函数的变化，图 7-18 示出以上四种纳米线的电流密度随电场的变化。Choi 等[23]利用化学气相沉积合成了单根 GaN 纳米线，并研究了其场发射特性，如图 7-19 所示。可以看出，当场发射电流密度为 $0.1nA/cm^2$ 时，其开/关电场为 $21V/\mu m$。由计算得到的功函数为 4.1eV，场发射增强因子为 170。

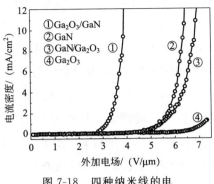

图 7-18　四种纳米线的电

流密度随外加电场的变化

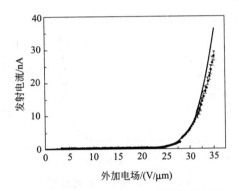

图 7-19　单根 GaN 纳米线的场发射特性

7.4　金属与金属氧化物纳米线的场发射特性

7.4.1　金属纳米线的场发射

7.4.1.1　Au 纳米线

最初的电子发射源就是采用金属作为阴极发射体的，因此金属纳米线作为场发射材料具有得天独厚的优势。而在各种金属纳米线中，Au 纳米线的场发射特性是其研究的重点。Sadeghian 等[24]在多孔模板上采用电化学生长方法合成了 Au 纳米线，发现该纳米线具有超低电压肖特基势垒场增强电子发射特性，其开/关电场仅有 $0.2V/\mu m$。研究指出，如此低的开/关电场归因于在 Au 和非晶 Al 界面所形成的肖特基势垒。假设 Au/Al 界面的势垒高度为 3.5eV，外加电压为 0.5V，可以计算出其场发射增强因子可高达 2.2×10^6。与此同时，Dangwal 等[25]也研究了由电化学方法沉积 Au 纳米线的场发射特性。当阳极-阴极间距分别为 $160\mu m$、$140\mu m$、$105\mu m$、$63\mu m$ 和 $28\mu m$ 时，其发射阈值场强分别为 $9V/\mu m$、$9.7V/\mu m$、$10V/\mu m$、$13V/\mu m$ 和 $22V/\mu m$，而相应的场发射增强因子分别为 632、604、586、458 和 277。而当阳极-阴极间距为 0.16nm 和外加电场为 $13V/\mu m$ 时，其场发射电流密度可高达 $178mA/cm^2$。图 7-20 示出了该 Au 纳米线的场发射电流随外加电场的变化。由 Au 纳米线与石墨烯构成的混合纳米结构的场发射显示出良好的稳定性[26]，如图 7-21 所示。可以看出，当外加电压分别为 200V 和 800V 时，其场发射电流在 50s 的时间范围内基本保持不变。可以预期，Au 纳米线/石墨烯混合纳米结构在生物化学传感器、柔性场发射器件、压力传感器以及光伏电池方面具有潜在应用。

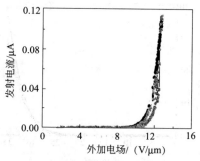

图 7-20　Au 纳米线的场发射
电流随外加电场的变化

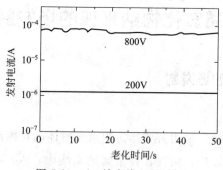

图 7-21　Au 纳米线/石墨烯结
构的场发射稳定性

7.4.1.2　B 纳米线

B 纳米线具有高电导率和良好的化学稳定性，可作为场发射的冷阴极材料。Lin 等[27]研究了大面积的垂直排列单晶 B 纳米线的场发射特性，如图 7-22 所示。

由图可以看出，当场发射电流密度达到 $10\mu A/cm^2$ 时，其电场强度为 $5.1V/\mu m$。而当场发射电流密度达到 $1mA/cm^2$ 时，其电场强度为 $11.5V/\mu m$。更进一步，当外加场强增加到 $17.8V/\mu m$ 时，其场发现电流密度可高达 $8.1mA/cm^2$，而且电流没有饱和的倾向。此后，Tian 等[28] 又研究了具有不同构型 B 纳米线的场发射特性，如图 7-23 所示。正如图中所看到的那样，该 B 纳米线呈现出一个较高的开/关电场（$15V/\mu m$）和较高的发射阈值场强（$24V/\mu m$）。

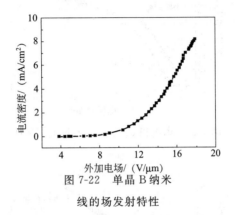

图 7-22　单晶 B 纳米

线的场发射特性

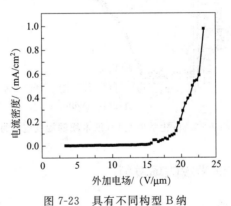

图 7-23　具有不同构型 B 纳

米线的场发射特性

7.4.1.3　Co 纳米线

在多孔模板上沉积合成纳米线的方法，因其具有工艺简便、成本低廉和线直径均匀以及可以实现大面积垂直生长的优势，可用于各种金属纳米线（如 Co、Ni、Cu 和 Rh 纳米线）的制备。Vila 等[29] 在低于 $100^\circ C$ 的温度下电沉积合成了垂直排列的 Co 纳米线，发现当电场强度为 $12V/\mu m$ 时纳米线开始产生场发射，其场发射增强因子为 211，如图 7-24 所示。而 Xavier 等[30] 也基于纳米孔的电化学填充，生长了密度和形状可控的 Co 纳米线，并研究了其场发射特性，图 7-25 示出了该纳米线的电流与外加电场的关系。由图可以看到，在样品未经化学处理之前没有场发射特性被观测到，而对于化学处理的样品，当外加电场为 $10V/\mu m$ 时，开始观测到了明显的场发射特性，其场发射增强因子为 245。

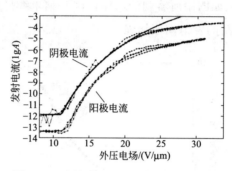

图 7-24　电沉积 Co 纳米线的场发射特征

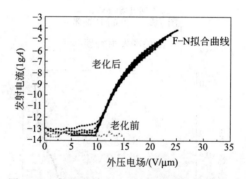

图 7-25　电化学填充 Co 纳米线的场发射特性

7.4.2　金属氧化物纳米线的场发射

7.4.2.1　$W_{18}O_{49}$ 纳米线

由各种金属如 W、Ga、Cu、Sn 等与 O 形成的金属氧化物纳米线也在场发射特性的研究中占有重要的一席之地。Yue 等[31]研究了 $W_{18}O_{49}$ 纳米线的场发射特性。结果指出，未经老化处理纳米线的阈值场强为 $14.9V/\mu m$，而经过老化处理纳米线的发射阈值场强则为 $11.9V/\mu m$。当外加电场为 $16.2V/\mu m$ 时，所获得的最高场发射电流密度可达 $4.9mA/cm^2$。图 7-26 示出该 $W_{18}O_{49}$ 纳米线的 J-E 特性。此后，Chen 等[32]研究了 $W_{18}O_{49}$ 纳米线的声子辅助场发射特性，图 7-27 示出了在 143～300K 温度下该纳米线的 J-E 特性。由图可以看出，在相同的外加电场条件下，纳米线的场发射电流随温度的降低而减小，这说明在不同温度下从缺陷态到导带的声子辅助隧穿在支配着场发射过程。而 Zheng 等[33]研究了 $K_{0.33}W_{0.944}O_3$ 纳米线的场发射稳定性，在阳极-阴极间距为 $100\mu m$ 和外加电场为 $9V/\mu m$ 的条件下，获得了 $350\mu A/cm^2$ 的场发射电流密度，而且该发射电流值在 5h 的时间范围内基本保持恒定。

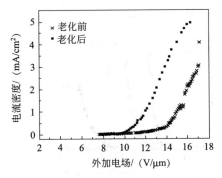

图 7-26 $W_{18}O_{49}$ 纳米线的 J-E 特性

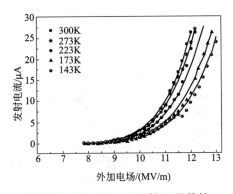

图 7-27 $K_{0.33}W_{0.944}O_3$ 的 J-E 特性

7.4.2.2 Ga_2O_3 纳米线

Wu 等[34]采用气-液-固法在 SiO_2/Si 模板上生长了 β-Ga_2O_3 纳米线，并制作了 β-Ga_2O_3 纳米线场发射器。其研究指出，在不同温度下制备的纳米线，因其结构与形貌特征相异，所以也呈现出不同的场发射特性。如图 7-28 所示，当生长温度分别为 $850℃$、$900℃$ 和 $950℃$ 时，其开/关电场分别为 $5.8V/\mu m$、$3.9V/\mu m$ 和 $2.0V/\mu m$，相应的场发射增强因子分别为 1890、2760 和 4489。尤其值得一提的是，对于 $950℃$ 下制备的 β-Ga_2O_3 纳米线，当开/关电场从 $2.0V/\mu m$ 减小到 $1.2V/\mu m$ 时，其场发射增强因子从 4489 增加到了 6926，并呈现出紫外辐射。Hsu 等[35]研究了 Ga_2O_3/In_2O_3 核-壳纳米线的场发射特性，图 7-29 示出了该纳米线的电流密度随外加电场的变化。为便于比较，图中还给出了纯 In_2O_3 纳米线的 J-E 曲线。可以看出，In_2O_3 纳米线实现场发射的阈值场强为 $3.1V/\mu m$，而 $Ga_2O_3/$

In_2O_3 纳米线的阈值场强为 $1.9V/\mu m$。由于 In_2O_3 的功函数为 $5.3eV$，由此计算出 In_2O_3 纳米线的场发射增强因子为 957，而 Ga_2O_3/In_2O_3 纳米线的场发射增强因子则高达 2714。

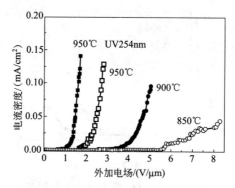

图 7-28　β-Ga_2O_3 纳米线的场发射特性

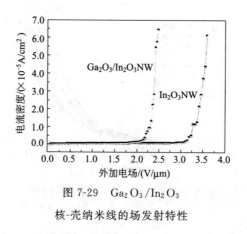

图 7-29　Ga_2O_3/In_2O_3

核-壳纳米线的场发射特性

7.4.2.3　CuO 纳米线

CuO 是一种禁带宽度为 $1.2eV$ 的 p 型半导体材料，在高温超导、光伏太阳能电池、场发射以及催化反应等领域具有重要应用。Shao 等[36]研究了由热氧化生长的单根 CuO 纳米线的场发射、电子输运以及二者的相关性。结果证实，该纳米线具有 $7.8\times10^{-4}S/cm$ 的电导率，其费米能级接近于价带顶，这意味着 CuO 纳米线为 p 型半导体材料。图 7-30 示出了它的电流密度与电场的关系。可以看出该纳米线具有较高的场发射阈值，这种行为可能与其 p 型特性有关。此外，CuO 纳米线表面有大量的表面态，这也直接影响着其场发射特性。而 Tsai 等[37]研究了 Zn 掺杂 CuO 纳米线（CuO：Zn NW）的增强场发射特性，图 7-31 示出了 CuO：Zn 纳米线与 CuO 纳米线的电流密度随电场的变化。由图十分清楚地看到，当在 CuO 纳米线中掺入 9.9% 的 Zn 原子之后，其阈值场强从 $8.3V/\mu m$ 减小到了 $4.1V/\mu m$，而且功函数从 $4.5eV$ 也减小到了 $1.5eV$。这是由于当 Zn 原子掺入到 CuO 纳米线中后，费米能级向导带漂移，由此减弱了它的 p 型性质。

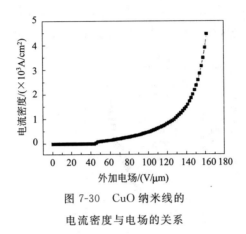

图 7-30　CuO 纳米线的
电流密度与电场的关系

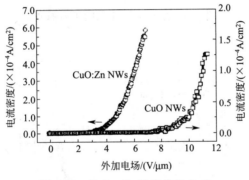

图 7-31　CuO：Zn 纳米线和 CuO
纳米线电流密度随电场的变化

7.4.2.4　其他金属氧化物纳米线

由化学气相输运方法合成的垂直单晶 Co_5Ge_7 纳米线与纳米带的场发射特性已由 Yoon 等进行了研究[38]，图 7-32 示出了该纳米线的 J-E 特性。测试分析表明，当外加场强为 $1.6V/\mu m$ 时，其电流密度为 $10\mu A/cm^2$。当外加场强为 $2.8V/\mu m$ 时开始产生电子发射，其发射电流密度为 $1.7mA/cm^2$，由计算得到的场发射增强因子为 5880。

SnO_2 纳米线不仅具有优异的气敏传感特性，而且还呈现出良好的场发射特性。Bazargan 等[39] 利用催化剂辅助的脉冲激光沉积方法制备了垂直排列的 SnO_2 纳米线阵列结构，并研究了其场发射特性，如图 7-33 所示。由图可以看到，当 SnO_2 纳米线的长度分别为 $15\mu m$ 和 $1\mu m$ 时，达到 $1\mu A/cm^2$ 的电流密度所需的外加电场分别为 $3.0V/\mu m$ 和 $3.8V/\mu m$。假定 SnO_2 的功函数为 $4.7eV$，可计算出当 SnO_2 纳米线长度为 $1\mu m$ 时，其场发射增强因子为 3.1×10^3。令人感兴趣的是，对于长度为 $15\mu m$ 的 SnO_2 纳米线，观测到了两个线性发射区域。在高场区的场发射增强因子为 2.5×10^3，而在低场区的其场发射增强因子高达 2.6×10^4。

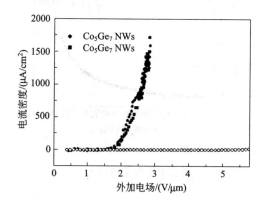

图 7-32 Co_5Ge_7 纳米线的 J-E 特性

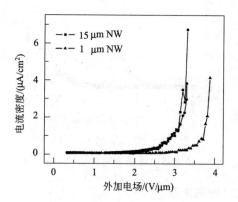

图 7-33 SnO_2 纳米线的场发射特性

参考文献

［1］ 薛增泉. 碳电子学. 北京: 科学出版社, 2010.

［2］ 薛增泉, 吴全德. 电子发射与电子能谱. 北京: 北京大学出版社, 1993.

［3］ Meyyanppan M, Sunkara M K. 材料科学与应用进展. 无机纳米线: 应用、性能和表征. 北京: 科学出版社, 2012.

［4］ Au F C K, Wong K W, Tang Y H, et al. Electron Field Emission from Silicon Nanowires. Appl Phys Lett, 1999. 75: 1700.

［5］ Chen P Y, Cheng T C, Shieh J, et al. Nanomanipulation of Field Emission Measurement for Vacuum Nanodiodes Based on Uniform Silicon Nanowire Emitters. Appl Phys Lett, 2011, 98: 163106.

［6］ Chueh Y L, Chou L J, Cheng S L, et al. Synthesis of Taper-like Si Nanowires with Strong Field Emission. Appl Phys Lett, 2005, 86: 133112.

［7］ Huang C T, Hsin C L, Huang K W, et al. Er-doped Silicon Nanowires with 1. 54μm Light-Emitting and Enhanced Electrical and Field Emission Properties. Appl Phys Lett, 2007, 91: 093133.

［8］ Kim D W, Choi Y J, Choi K J, et al. Stable Field Emission Performance of SiC-Nanowire-Based Cathodes. Nanotechnology, 2008, 19: 225706.

［9］ Li Z J, Ren W P, Meng A L. Morphology-Dependent Field Emission Characteristics of SiC Nanowires. Appl Phys Lett, 2010, 97: 263117.

［10］ Liu Z, Zhang H, Wang L, et al. Controlling the Growth and Field Emission Properties of Silicide Nanowire Arrays by Direct Silicification of Ni Foil. Nanotechnology, 2008, 19: 375602.

［11］ Lee C Y, Lu M P, Liao K F, et al. Vertically Well-Aligned Epitaxy Ni$_{31}$Si$_{12}$ Nanowire Arrays with Excellent Field Emission Properties. Appl Phys Lett, 2008, 93: 113109.

［12］ Kim J J, Shindo D, Murakami Y, et al. Direct Observation of Field Emission in a Single TaSi$_2$ Nanowire Nano Lett, 2007, 7: 2243.

［13］ Valentin L A, Nunez J C, Yang D, et al. Field Emission Properties of Single Crystal Chromium Disilicide Nanowires. J Appl Phys, 2013, 113: 014308.

［14］ Ulisse G, Brunetti F, Vomiero A, et al. Hybrid Thermal-Field Emission of ZnO Nanowires. Appl Phys Lett, 2011, 99: 243108.

［15］ Semet V, Binh V T, Pauporte T H, et al. Field Emission Behavior of Vertically Aligned ZnO Nanowire Phanar Cathodes. J. Appl Phys, 2011, 109: 054301.

［16］ Yang Z C, Zhou Q, et al. Enhanced Field Emission from Large Scale Uniform Monolayer Graphene Supported by Well-Aligned ZnO Nanowive Arrays. Appl Phys, Lett, 2012, 101: 173107.

［17］ Chen Z H, Tang Y B, Liu Y, et al. ZnO Nanowire Arrays Grown on Al: ZnO Buffer Layers and Their Enhanced Electron Field Emission. J Appl Phys, 2009, 106: 064303.

［18］ Zhao Q, Gao J. Zhu R, et al. Ultrahigh Field Emission Current Density from Nitrogen-Implanted ZnO Nanowires. Nanotechnology. 2010, 21: 095701.

［19］ Xu H J, Chen Y F, Su L, et al. Enhanced Field Emission for ZnO Nanowires Grown on Silicon Nanoporous Pillar Array. J Appl Phys, 2010, 108: 114301.

［20］ Kang H W, Yeo J, Huang J O, et al. Simple ZnO Nanowires Patterned Growth by Microcontact Printing for High Performance Field Emission Device. J Phys Chem, 2011, 115: 11435.

［21］ Luo L Q, Yu K, Zhu Z Q, et al. Field Emission from GaN Nanobelts with Herring Bone Morphology. Materials Letters, 2004, 58: 2893.

[22] Tang C C, Xu X W, Hu L, et al. Improving Field Emission Properties of GaN Nanowires by Oxide Coating. Appl Phys Lett, 2009, 94: 243105.

[23] Choi Y, Michan M, Johnson J L, et al. Field-Emission Properties of Individual GaN Nanowires Grown by Chemical Vapor Deposition. J Appl Phys, 2012, 111: 044308.

[24] Sadeghian R B, Badiescu S, Djaoued Y, et al. Ultra-Low-Voltage, Schottky-Barrier Field-Enhanced Electron Emission from Gold Nanowires Electrocthemically Grown in Modified Porous Alumina Templates. IEEE Electron Device Letters, 2008, 29: 312.

[25] Dangwal A, Pandey C S, Muller G, et al. Field Emission Properties of Electrochemically Deposite Gold Nanowires. Appl Phys Lett, 2008, 92: 063115.

[26] Arif M, Heo K, Lee B Y, et al. Metallic Nanowire-Graphene Hybrid Nanostructures for Highly Flexible Field Emission Devices. Nanotechnology, 2011, 22: 355709.

[27] Lin F, Tian J, Bao L H, et al. Fabrication of Vertically Aligned Single-Crystalline Boron Nanowires Arrays and Investigation of Their Field-Emission Behavior. Advanced Materials, 2008, 20: 2609.

[28] Tian J, Hui C, Bao L H, et al. Patterned Boron Nanowires and Field Emission Properties. Appl Phys Lett, 2009, 94: 083101.

[29] Vila L, Vincent P, Pirio G, et al. Growth and Field-Emission Properties of Vertically Aligned Cobalt Nanowire Arrays. Nano Lett, 2004, 4: 521.

[30] Xavier S, Tempfli S M, Ferain E, et al. Stable Field Emission from Arrays of Vertically Aligned Free-Standing Metallic Nanowires. Nanotechnology, 2008, 19: 215601.

[31] Yue S, Pan H, Ning Z, et al. Amazing Ageing Property and in Situ comparative study of Field E-mission from Tungsten Oxide Nanowires. Nanotechnology, 2011, 22: 115703.

[32] Chen W Q, Zhao C X, Wu J Q, et al. Phonon-Assisted Field Emission from $W_{18}O_{49}$ Nanowires. Appl Phys Lett, 2013, 103: 141915.

[33] Zheng Z, Yan B, Zhang J, et al. Potassium Tungsten Bronze Nanowires, Polarized Micro-Raman Scattering of Individual Nanowires and Electron field Emission from Nanowires Films. Advanced Materials, 2008, 20: 352.

[34] Wu Y L, Chang S J, Liu C H, et al. UV Enhanced Field Emission for β-Ga_2O_3 Nanowires. IEEE E-lectron Device Letters, 2013, 34: 701.

[35] Hsu C L, Liu S, Tsai T Y, et al. Fabrication, Novel Morphology, and Field Emission Properties of Ga_2O_3/In_2O_3 Core-Shell Nanowires. IEEE Electron Device Letters, 2013, 34: 96.

[36] Shao P R, Deng S Z, Chen J, et al. Study of Field Emission, Electrical Transport, and Their Correla-tion of Individual Single CuO Nanowires. J Appl Phys, 2011, 109: 023710.

[37] Tsai T Y, Hsu C L, Chang S J, et al. Enhanced Field Electron Emission from Zinc-Doped CuO Nanowires. IEEE Electron Device Letters, 2012, 33: 887.

［38］　Yoon H, Seo K, Bagkar N, et al.　Vertical Epitaxial Co_5Ge_7 Nanowire and Nanobelt Arrays on Thin Graphitic Layer for Flexible Field Emission Displays.　Advanced Materials, 2009, 21: 4979.

［39］　Bazargan S, Thomas J P, Leung K T.　Magnetic Interaction and Conical Self-Reorganization of A-ligned Tin Oxide Nanowire Array Under Field Emission Conditions.　J Appl Phys, 2013, 113: 234305.

第8章
纳米线传感器件

各类传感器在物理、化学、生物、医学以及自动化等技术检测领域具有十分重要的应用。随着现代科学技术的迅速发展，对传感器在灵敏度、选择性、稳定性、响应时间以及使用寿命等方面都提出了越来越高的要求。因此，各种新型传感器材料的开发正受到人们的广泛重视。近年，随着纳米线制备与合成技术取得的显著进展，具有一维结构属性的纳米线传感器研究尤为引人注目。这是由于纳米线及其阵列具有巨大的比表面积和很高的表面活性，因此对周围环境极为敏感，故适合于各类高灵敏度传感器的制作。

本章首先介绍纳米线传感器的灵敏度，然后对各类纳米线化学传感器与纳米线生物传感器的制作与传感性能进行简单介绍。

8.1 纳米线传感器的灵敏度

由于纳米线表面具有很高的化学活性，所以对温度、光照和湿气等各种环境因素敏感度很高。当外界环境改变时，会迅速引起纳米线表面或界面离子价态电子输运的变化。这样，利用其电阻（或电导）的变化便可以制成传感器，以实现它在化学与生物传感中的应用。

表征传感器性能的主要特性参数是灵敏度，而灵敏度又是通过传感材料所发生的电阻（或电导、电流等）变化进行反映的。研究指出，电阻变化的速度应当正比于纳米线表面的稳态吸附浓度。在气体吸附和解吸为一级动力学近似条件下，平衡方程可写为[1]：

$$\frac{\mathrm{d}[\theta]}{\mathrm{d}t} = k_a[C] - k_b[\theta] \tag{8-1}$$

式中，$[\theta]$ 为稳态吸附覆盖范围；$[C]$ 为气相浓度；k_a 和 k_b 分别为吸附和解吸速率常数。

对于给定的气相浓度 $[C]$，求解等式(8-1)，则有：

$$[\theta] = a - be^{-ct} \tag{8-2}$$

式中，a、b 和 c 为与吸附和解吸速率相关的常数。其中，a 正比于吸附速率，因此它依赖于气相浓度。c 表示解吸过程的速率常数，因此它是传感响应曲线的时间常数。

对于纳米线来说，传感灵敏度与其直径大小相关。具体而言，则是随着直径减小，其敏感度增强，图 8-1 所示为 ZnO 纳米线 O_2 传感器的灵敏度（$\Delta G/G_0$）随其半径的变化。很显然，随着 ZnO 纳米线半径的减小，其探测灵敏度急速单调增加。这一传感特性可由纳米线暴露在某种气体中的电导所表示：

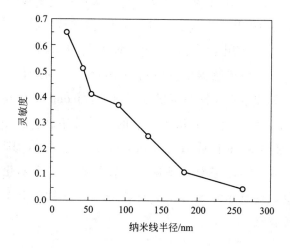

图 8-1　ZnO 纳米线 O_2 传感器的灵敏度随纳米线半径的变化

$$G = \frac{\pi r^2}{l} n_e e \mu_n \tag{8-3}$$

式中，r 和 l 分别为纳米线的半径与长度；μ_n 为电子迁移率；e 为电子电荷；n_e 为电子浓度。n_e 依赖于化学吸附物质的表面密度 N_s 和电荷转移系数 α，于是有：

$$n_e = n_0 - \frac{2\alpha N_s}{r} \tag{8-4}$$

式中，n_0 为暴露在气体中的电子密度。这样，纳米线传感器的灵敏度可表示如下：

$$\frac{\Delta G}{G_0}=\frac{2\alpha N_s}{dn_0} \tag{8-5}$$

8.2　纳米线化学传感器

8.2.1　纳米线 H_2 传感器

8.2.1.1　SnO_2 纳米线 H_2 传感器

SnO_2 是一种氧化物半导体，具有优异的气敏传感特性。Fields 等[2]利用 SnO 粉体的热蒸发合成了 SnO_2 纳米带，并组装了单根 SnO_2 纳米带传感器。结果指出，当 H_2 在 N_2 与 H_2 混合气体中的浓度为 2% 时，该传感器在 20～80℃ 温度范围内的灵敏度大于 50%，而且它不随温度发生变化，其响应时间短于 220s，室温下的功率耗散低于 10nW，图 8-2 示出了 SnO_2 纳米带传感器灵敏度随温度的变化。其后，Huang 等[3]采用 PECVD 工艺生长了 SnO_2 纳米带，并构建了气体传感器。在室温条件下，该传感器可以检测到 100×10^{-6} 的 H_2，表明它具有灵敏的气体响应特性、好的可重复性与可逆性。最近，Jeong 等[4]利用 Pd 和 Sn 的共沉积制备了 SnO_2 纳米线，并实验研究了它的气敏传感特性。由图 8-3 可以清楚地看到，在 H_2 气氛中 SnO_2 传感器的电导灵敏度急剧增加，其 $\Delta G/G_0=500\%$。而在大气条件下，其 $\Delta G/G_0$ 值将急速减小。而且在每一个变化周期，其电导都得到了近完全恢复，这意味着 Sn/Pd 在 SnO_2 纳米线表面的共沉积有效增加了室温下纳米线的传感特性。

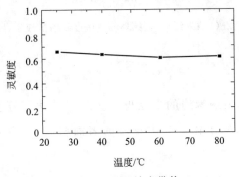

图 8-2　SnO_2 纳米带传
感器灵敏度随温度的变化

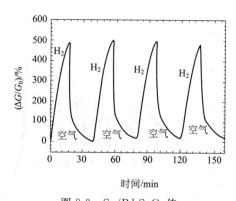

图 8-3　Sn/Pd-SnO$_2$ 传
感器电导灵敏度随时间的变化

8.2.1.2　Pd 纳米线 H$_2$ 传感器

除了 SnO$_2$ 纳米线之外，Pd 纳米线也可广泛用于 H$_2$ 的检测分析。这是因为 Pd 纳米线具有很高的气敏特性，尤其是对 H$_2$ 有着一种固有的吸附特性。此外，Pd 纳米线可以采用多种化学合成方法进行制备，具有很大的工艺灵活性。

Sennik 等[5]利用 Pd 纳米线制备了 H$_2$ 传感器，并在室温条件下研究了 $50\times10^{-6}\sim5000\times10^{-6}$ 范围内 Pd 纳米线的电阻随时间的变化，如图 8-4 所示。由图可见，随着 H$_2$ 浓度从 50×10^{-6} 的不断增加，传感器的电阻变化也不断增加。当 H$_2$ 浓度为 5000×10^{-6} 时，其电阻值从 36.0Ω 急增至 37.2Ω。对于该传感器的 H$_2$ 传感机理可以做出如下解释：首先，H$_2$ 分子被吸附在 Pd 纳米线表面，然后 H$_2$ 分子进行分解并导致 H 原子的产生。H 原子从 Pd 纳米线表面迁移到纳米线内部，由于 H 原子与 Pd 原子的反应导致 PdH$_x$ 混合物的形成，结果使 Pd 纳米线的电阻发生变化。换言之，Pd 纳米线电阻值的增加是 H$_2$ 分子吸附而产生的一个必然结果。与此同时，Yang 等[6]在 $0.2\%\sim1.0\%$ 的 H$_2$ 浓度范围内，研究了尺寸为 25nm×85nm 的 Pd 纳米线 H$_2$ 传感器在 N$_2$ 和大气两种情形下的传感特性，其结果如图 8-5 所示。从图中我们可以得出两个结论：①无论是 N$_2$ 还是大气，随着其中 H$_2$ 含量的增加，其传感器灵敏度急剧增加；②当 N$_2$ 和大气中的 H$_2$ 含量相同时，N$_2$ 气氛中 Pd 纳米线的探测灵敏度更高。这是由于在大气中 O$_2$ 的存在导致了 Pd 纳米线表面的反应，致使其表面 H$_2$ 的化学吸附浓度减小，因而使电阻响应值减小。

Zeng 等[7]采用超小 Pd/Cr 纳米线网络制作了高性能的 H$_2$ 传感器，并研究了 Cr 缓冲层对传感器性能的影响，图 8-6（a）和（b）分别示出了厚度为 4nm Pd 纳米线网络传感器与 2nm Pd/2nm Cr 纳米线网络传感器的 H$_2$ 响应特性。虽然这两种纳米线的总厚度是一致的，但是二者在 H$_2$ 缺乏情形下的基准电阻是不同的，前者

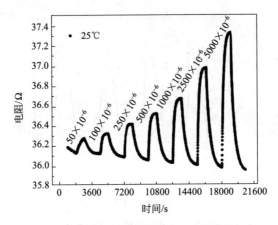

图 8-4 Pd 纳米线电阻随时间的变化

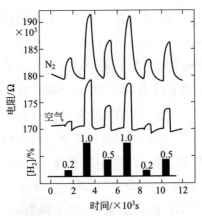

图 8-5 25nm×85nm Pd 纳米线
传感器的电阻随时间的变化

的值可高达 $10M\Omega$，而后者仅有几千欧。这种由于 Cr 的引入而导致 Pd 纳米线网络电阻的急剧减小，意味着 Pd/Cr 纳米线网络形貌从纯 Pd 纳米线网络发生了明显变化。也就是说，4nm 厚的 Pd 纳米线网络包含了很多断开的纳米线，而 2nm Pd/2nm Cr 纳米线网络应该是连续的。因此可以认为，纳米线网络形貌的这种变化是导致 H_2 响应的主要诱因：当 H_2 存在时，2nm Pd/2nm Cr 纳米线的电阻是增加的，而 4nm Pd 纳米线的电阻则是减小的。图 8-7 则示出了两种纳米线传感器的响应敏感度随 H_2 浓度的变化。可以看出，2nm Pd/2nm Cr 纳米线传感器的敏感度不随 H_2 浓度变化，而 4nm Pd 纳米线的敏感度则随 H_2 浓度而改变的。Lim 等[8]采用纳米打印技术制作了具有快速响应和低泄漏检测的柔性 Pd 纳米结构传感器，发现该传感器对于 3500×10^{-6} 的 H_2 浓度，其响应时间为 18s。而对 50×10^{-6} 的 H_2 浓度，其响应时间为 57s。该柔性传感器的制作为具有实际应用的量产化传感器开发奠定了重要技术基础。

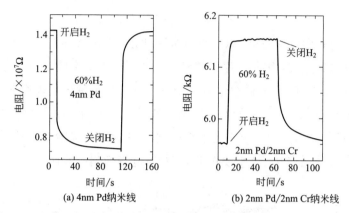

(a) 4nm Pd 纳米线　　(b) 2nm Pd/2nm Cr 纳米线

图 8-6　4nm Pd 纳米线与 2nm Pd/2nm Cr 纳米线传感器的 H_2 响应特性

8.2.1.3　其他纳米线 H_2 传感器

除了 SnO_2 纳米线与 Pd 纳米线两种 H_2 传感器之外，人们也研究了其他一些 Pd 覆盖纳米线 H_2 传感器的气敏传感特性，如 GaN、ZnO 以及 WO_3 纳米线等。当这些纳米线由 Pd 纳米粒子覆盖后，也呈现出良好的气敏传感特性。Lim[9] 等在室温下和 $200\times10^{-6}\sim1500\times10^{-6}$ 的 H_2 浓度范围内，研究了由 Pd 覆盖的 GaN 纳米线 H_2 传感器的电阻随时间的变化，如图 8-8 所示。可以看出，与没有 Pd 覆盖的 GaN 纳米线相比，具有 Pd 覆盖的 GaN 纳米线显著改善了气敏传感特性，其响应灵敏度达到了 10^{-6} 量级。这是因为 Pd 的覆盖将有效催化 H_2 分子的离解，此后 H 原子扩散到 Pd/GaN 界面，在固定偏压时导致了纳米线电阻的改变。Ren 等[10] 同样在室温条件下和 $20\times10^{-6}\sim4000\times10^{-6}$ 的 H_2 浓度范围内，实验测定了由 Pd 纳米粒子覆盖的 ZnO 纳米线 H_2 传感器的气敏响应特性，发现当 H_2 浓度从 20×10^{-6} 增加到 4000×10^{-6} 时，样品的灵敏度从 3.7% 增加到了 10.17%，如此高的敏感度归因于覆盖的 Pd 纳米粒子催化了吸附的 O_2^- 与解离的 H 原子之间的反应。

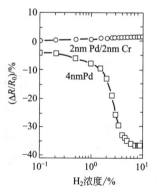

图 8-7　两种纳米线传感器的灵敏度随 H_2 浓度的变化

而 Zhu 等[11] 则从基元反应的角度分析了由 Pt 纳米粒子覆盖的 WO_3 纳米线 H_2 传感器的物理与化学过程：

$$2H\cdot+\cdot O_{(s)}\longrightarrow H_2O_{(s)} \tag{1}$$

$$2\dot{H} \cdot + \cdot \overset{\cdot}{O}_{(L)} \longrightarrow H_2O_{(L)} + V_0^{**} \tag{2}$$

$$V_0^{**} \longrightarrow V_0 + 2e \tag{3}$$

$$4H \cdot + O_{2(s)} \longrightarrow 2H_2O_{(s)} \tag{4}$$

以上各反应式中，L 表示 WO_3 的晶格属性；s 表示表面；* 表示电子；V_0 是 O 空位。过程（1）表示表面 O 原子的减少，此归因于纳米线表面电导的增加；过程（2）表示局部 H_2O 分子和 O 空穴的形成，该反应可发生在表面或 WO_3 的表面层中，其结果是由 H 原子与 WO_3 反应形成 $WO_{3-x} \cdot xH_2O$；过程（3）导致了纳米线电导的增加；过程（4）表示在纳米线表面 H 原子与吸附 O_2 分子之间的反应。图 8-9 示出了 Pt 覆盖 WO_3 纳米线在不同 H_2 浓度下的响应特性。

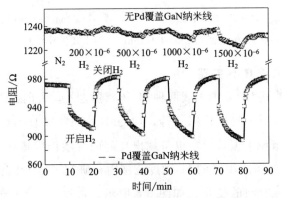

图 8-8 Pd 覆盖 GaN 纳米线传感器的电阻随时间的变化

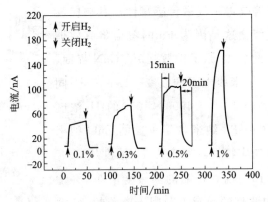

图 8-9 Pt 覆盖 WO_3 纳米线在不同 H_2 浓度下的响应特性

8.2.2 纳米线 O_2 传感器

在早期的纳米线传感器中，一般多采用单根 SnO_2、In_2O_3 或 ZnO 纳米线制作，但实验表明其 O_2 的探测率都是比较低的。后来的研究指出，如果采用晶粒边界势垒调制，可以明显改善纳米线的气敏传感特性。2006 年，Feng 等[12]采用单根 β-Ga_2O_3 纳米线制作了实现快速响应 O_2 的传感器，图 8-10 示出了该传感器的电流-时间曲线。由图可以看出，当没有 254nm 的紫外波长照射时，纳米线中的响应率很低，因此其电流也很小。O_2 的化学势垒低于 β-Ga_2O_3 的导带，当 β-Ga_2O_3 纳米线暴露在 O_2 中时，O_2 将被化学吸附在其表面，并导致电子从纳米线向 O_2 分子的转移，从而在 β-Ga_2O_3 纳米线表面形成 O_2^- 离子。由于载流子浓度很低，大部分的自由电子将被吸附的 O_2 所俘获。其后，Xue 等[13]以具有大量晶粒边界的单根 $ZnSnO_3$ 纳米线制作了性能优异的 O_2 传感器。当 O_2 的气压从 3.7×10^4 Pa 降低到 1.0×10^{-4} Pa 时，流过单根 $ZnSnO_3$ 纳米线的电流从 $1.20 \times 10^{-7} \mu A$ 迅速增加到了 $3.78 \times 10^{-1} \mu A$，即增加了 6 个数量级。这种独特的传感特性归因于 $ZnSnO_3$ 纳米线中晶粒边界势垒在不同 O_2 气压下的调制效应。图 8-11 示出了 $ZnSnO_3$ 纳米线的电流随 O_2 气压 p 的对数变化。其后，Hu 等[14]采用肖特基接触实现了 ZnO 纳米线 O_2 传感器的超灵敏度和快速响应探测。结果证实，基于肖特基接触的 ZnO 纳米线传感器最高的探测灵敏度可达 3235%，探测响应时间为 30s，这一灵敏度值是欧姆接触情形的 1085 倍。这是因为 O 原子在肖特基势垒表面的吸附增加了势垒高度，从而导致了电导的改变。最近，Niu 等[15]进一步研究了肖特基势垒结构柔性 ZnO 纳米线 O_2 传感器在不同 O_2 气压下的电流随偏置电压的变化。结果显示，在 +1V 偏置条件下，当 O_2 气压从 16Torr（1Torr=133.322Pa）增加到 700Torr 时，其电流将从 899nA 减小到 401nA。而在 -1V 偏置条件下，在相同变化的 O_2 气压范围内，电流从 -106nA 减小到 -7.92nA。这是由于 O_2 的吸附作用，将在 ZnO 纳米线表面形成电子的耗尽区，从而减小了纳米线中的载流子密度。特别是 O 原子在肖特基接触表面的吸附增加了肖特基势垒高度，故使总电流得以减小。

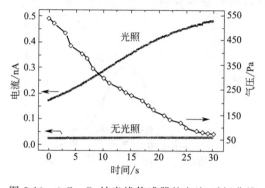

图 8-10 β-Ga_2O_3 纳米线传感器的电流-时间曲线

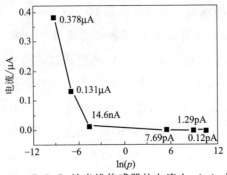

图 8-11 $ZnSnO_3$ 纳米线传感器的电流-$\ln(p)$ 曲线

8.2.3 纳米线 CO 传感器

对于 CO 气体进行检测，无论在化学分析技术中，还是对人们的日常生活都具有重要意义。Huang 等[16]采用 PECVD 工艺和后退火处理方法制备了 SnO_2 纳米棒，并实验研究了其 CO 传感特性。图 8-12 示出了 $R_{空气}/R_{CO}$ 随温度的变化，其中 $R_{空气}/R_{CO}$ 分别是该纳米棒在大气和大气中含有 1000×10^{-6} CO 气体时的电阻。可以看出，当温度为 250℃时，SnO_2 纳米棒的检测灵敏度达到最大值 31.7。不同温度下 $R_{空气}/R_{CO}$ 比值的这种变化起因于 CO 分子在 SnO_2 纳米线表面的吸附和解吸。CuO 纳米线 CO 传感器的气敏特性也已经由 Liao 等所研究，图 8-13 示出了 $100 \times 10^{-6} \sim 500 \times 10^{-6}$ 浓度范围内 CuO 纳米线对 CO 气体和乙醇的传感特性[17]。可以看出，在相同的浓度下 CuO 纳米线对 CO 具有更好的传感特性和较短的响应时间（<10s）。更进一步，CuO 纳米线传感机理的研究指出，当 CO 分子吸附在 CuO 纳米线表面时，将在 Cu^{2+} 空位处形成 Cu—CO 化学键。该化学键将对金属贡献出一个 CO 5σ 电子，同时从 Cu 的 d 轨道向 CO 贡献一个 π 电子，因此增强了 CO 分子同 O 原子碎片之间的反应，最终导致传感特性的增强。

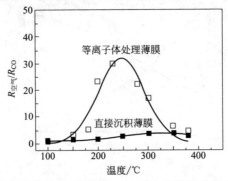

图 8-12 SnO_2 纳米棒 $R_{空气}/R_{CO}$ 随温度的变化

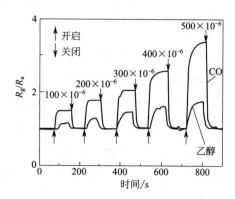

图 8-13　CuO 纳米线传感器的传感特性

　　属于金属氧化物的 In_2O_3 纳米线在 CO 气体传感器中获得了成功应用。其基本传感原理是 CO 分子在 In_2O_3 纳米线表面吸附后，其近表面区域成为电子的耗尽区，由于化学吸附 O 原子碎片与 CO 气体分子之间的化学反应导致电子向 In_2O_3 纳米线中进行转换，因此使其电导发生改变。图 8-14 示出了 In_2O_3 纳米线场效应晶体管在 $0.2 \times 10^{-6} \sim 5 \times 10^{-6}$ CO 气体浓度范围的敏感度响应特性[18]。可以看出，当 CO 浓度为 5×10^{-6} 时，其响应敏感度为 104，响应时间为 130s 和恢复时间为 50s。此后，Zou 等[19]研究了掺 Mg 的 In_2O_3 纳米线场效应晶体管的 CO 传感特性，发现该传感器具有超好的气敏响应特性，其响应时间可低达 4s，探测浓度极限为 500×10^{-9}。图 8-15 示出了该传感器对 CO 的探测灵敏度 I_g/I_a 和响应时间随 CO 浓度的变化。更进一步，Hung 等[20]以 ZnO 纳米线作为栅极制作了 AlGaN/GaN 高电子迁移率晶体管，实现了 $400 \times 10^{-6} \sim 3200 \times 10^{-6}$ 浓度范围内对 CO 气体的探测。其基本原理是，由于 ZnO 纳米线具有超好的晶体质量，当 CO 分子吸附在其表面后将释放 ZnO 纳米线表面的电子，并在 AlGaN 表面诱导更多的正电荷，从而增强了漏-源之间的电流。

8.2.4　纳米线 NO_2 传感器

　　除了各种类型的 H_2、O_2 与 CO 纳米线传感器之外，各种纳米线 NO_2 传感器也已被人们广为研究。β-Bi_2O_3 是一种重要 p 型半导体，由于它具有独特的光学与电子特性。所以被广泛应用于气体传感器、光伏太阳能电池以及光催化反应等。Gou 等[21]采用溶液合成方法制备了 Bi_2O_3 纳米线气体传感器，发现它对 NO_2 气体具有很高的探测灵敏度。图 8-16 中的曲线 A、B 与 C 分别示出了在 $5 \times 10^{-6} \sim 400 \times 10^{-6}$ 的 NO_2 对 Bi_2O_3 纳米线、Bi_2O_3 纳米带与

Bi_2O_3 纳米棒三种一维纳米结构传感器的 NO_2 气体响应特性。可以看出，Bi_2O_3 纳米线传感的 NO_2 响应特性远优于 Bi_2O_3 纳米带与纳米棒。其气体响应时间短于 $10s$，此值远小于普通的商业 NO_2 传感器。ⅢA-ⅤA 族的 InAs 具有较窄的带隙，易于制作器件的欧姆接触。此外，当它暴露在气体中时容易形成表面电子积累层，因此适于各类气体传感器的制作。Offermans 等[22] 采用 VLS 生长方法制备了垂直 InAs 纳米线阵列，并研究了其 NO_2 的气体传感特性，图 8-17 示出了当 NO_2 在 N_2 中的浓度为 $9 \times 10^{-9} \sim 1700 \times 10^{-9}$ 范围内的响应特性。可以看出，在 $10min$ 内可以很容易地探测到浓度低达 115×10^{-9} 的 NO_2 气体，其信噪比大于 10。在气体探测过程中器件电流的减小，是因为 NO_2 作为电子受主，电荷转移使得表面电子积累层中电子密度减小的缘故。

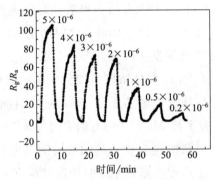

图 8-14 In_2O_3 纳米线场效应晶体

管在 $0.2 \times 10^{-6} \sim 5 \times 10^{-6}$ CO

浓度范围的敏感度响应特性

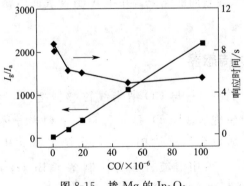

图 8-15 掺 Mg 的 In_2O_3

纳米线传感器的气敏特性

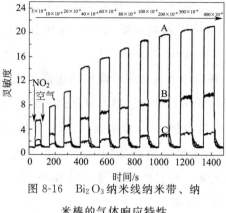

图 8-16   Bi₂O₃ 纳米线纳米带、纳

米棒的气体响应特性

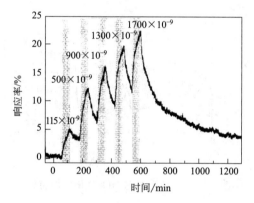

图 8-17   InAs 纳米线传感器的气敏响应特性

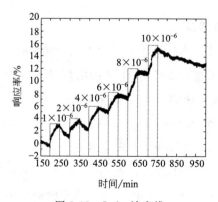

图 8-18   InAs 纳米线

2011 年，Paul 等[23]研究了 InSb 纳米线的 NO_2 探测特性，其 $1 \times 10^{-6} \sim 10 \times 10^{-6}$ 浓度的 NO_2 气体响应曲线如图 8-18 所示。正如所预期的那样，随着 NO_2 浓度

的增加，传感器的电阻随之增加，此归因于 NO_2 气体具有强电子受主作用。具体来说是，由于从 InSb 纳米线表面到吸附的 NO_2 气体分子的电荷转移，使得 InSb 纳米线表面电子密度进一步减小。Cuscuna 等[24]采用 Au 催化的 PECVD 生长沉积了高密度的 Si 纳米线，并制作了具有芯片规模的超高灵敏度 NO_2 传感器，其气敏特性如图 8-19 所示。可以看出，该传感器可以探测到低达 10×10^{-9} 浓度的 NO_2 气体，在 15min 时间内可以探测到 10^{-9} 数量级的 NO_2 气体，Sun 等[25]采用 V 形槽蚀刻方法制备了芯片级 SnO_2 纳米线传感器，并实现了浓度范围从 $0.05 \times 10^{-6} \sim 0.5 \times 10^{-6}$ 的 NO_2 气体探测，而且实验发现，当 SnO_2 纳米线由 Pt 纳米粒子覆盖后，其气敏检测得到了明显改善。

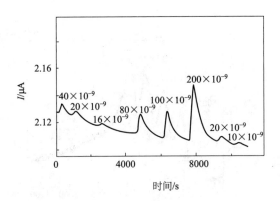

图 8-19　Si 纳米线的 NO_2 气敏响应特性

8.2.5　纳米线其他化学传感器

8.2.5.1　纳米线 H_2S 传感器

H_2S 是一种剧毒气体，当环境中的浓度超过 250×10^{-6} 时可以导致人的死亡，因此发展具有高灵敏度和高可靠性的 H_2S 传感器是十分必要的。迄今，人们已采用 CuO 纳米线、WO_3 纳米薄膜、ZnO 纳米棒和 CuO-SnO_2 纳米带等制作了 H_2S 气体传感器。而在各类纳米结构 H_2S 传感器中，由 V_2O_5 和 Ag_2O 合成的 β-$AgVO_3$ 纳米线传感器显示出优异的 H_2S 传感特性。图 8-20 示出了该传感器的灵敏度与 H_2S 浓度的关系[26]。易于看出，在 $50 \times 10^{-6} \sim 400 \times 10^{-6}$ 的浓度范围内，其检测灵敏度随 H_2S 浓度的增加而单调增强，其传感响应时间仅为 20s。Xue 等[27]采用 ZnO 纳米线阵列制作了 H_2S 传感器，其 H_2S 响应特性示于图 8-21 中。随着 H_2S 浓度的增加，其灵敏度线性增加，最低探测浓度为 100×10^{-6}，这是由于随着 H_2S 浓度的增加，可以引起更多的 O_2 分子从 ZnO 纳米线表面被解吸，这样将导致电荷耗尽层厚度的减小，同时使纳米线的电导增加。而当 H_2S 浓度超过 $1700\times$ 10^{-6} 之后，敏感度随 H_2S 浓度的增加呈现出饱和趋势，此起因于表面吸附空位与 H_2S 浓度的相互竞争。

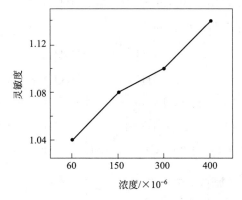

图 8-20 β-$AgVO_3$ 纳米线传感器气敏特性

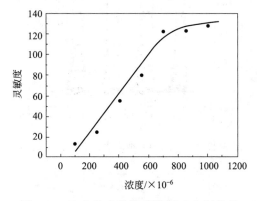

图 8-21 ZnO 纳米线传感器 H_2S 气敏特性

8.2.5.2 纳米线乙醇传感器

在气体传感研究中，乙醇气体的传感特性研究不容忽视，这是因为在生物、化学和食品工业特别是酿酒业和交通安全领域，人们对其有重要需求。Song 等[28]研究了介观（m）ZnO-SnO_2 纳米带的乙醇传感特性，其结果如图 8-22 所示。正如从图中所看到的那样，该纳米带在 $5\times10^{-6}\sim4000\times10^{-6}$ 的浓度范围内均呈现出非常好的敏感特性和重复性。当乙醇浓度为 5×10^{-6}、50×10^{-6}、100×10^{-6}、500×10^{-6}、1000×10^{-6}、2000×10^{-6} 和 4000×10^{-6} 时，其敏感度分别为 4、12、8、21、88、155、268 和 423。其响应时间仅为 3s，恢复时间为 8s。而图 8-23 则示出了介观 ZnO-SnO_2 和 ZnO-SnO_2 两种样品在室温 300K 下的灵敏度乙醇浓度的变化，可以看出随着乙醇浓度的增加，其灵敏度增加。而当乙醇浓度达到 10000×10^{-6} 时，灵敏度出现饱和现象。但是，介观 ZnO-SnO₂ 的灵敏度显然高于 ZnO-SnO₂ 的灵敏度。

Si 纳米线乙醇传感器已由 Rasappa 等研究，他们给出了 Si 纳米线电极表面乙醇氧化反应的化学机理，其反应式如下[29]：

$$Si^{4+} + 4\,OH^- \rightleftharpoons Si(OH)_4 \tag{8-6}$$

$$Si(OH)_4 \rightleftharpoons SiO(OH)_2 + H_2O + 2e^- \tag{8-7}$$

$$SiO(OH)_2 + CH_3\,CH_2OH + 2e^- \longrightarrow 中间产物 + Si(OH)_4 \tag{8-8}$$

$$SiO(OH)_2 + 中间产物 \longrightarrow CH_3\,CHO + Si(OH)_4 \tag{8-9}$$

$$SiO(OH)_2 + CH_3CHO \longrightarrow CH_3\,COOH + Si(OH)_4 \tag{8-10}$$

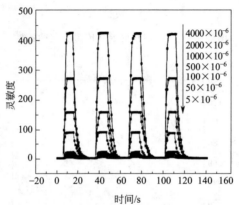

图 8-22　ZnO-SnO₂ 纳米带的乙醇传感特性

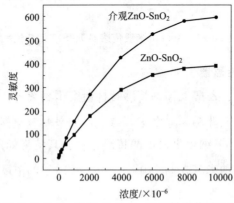

图 8-23　介观 ZnO-SnO₂ 和 ZnO-SnO₂ 的灵敏度值随乙醇浓度的变化

8.2.5.3　纳米线 pH 传感器

pH 传感器广泛应用于各类研究中，如环境监测、食品加工以及化学分析等。由于 pH 的控制本质上是各种化学反应，因此 pH 的精确测量要求能有一种准确控制 pH 的方法，而 pH 传感器则不失为诸多方法中的一种。由于各种纳米线结构具有大的比表面积与表面活性，所以纳米线 pH 传感器的研究日渐引起了人们的重视。

2009 年，Avdic 等[30]采用 Sb 纳米线制作了 pH 传感器，证实该传感器的灵敏度可达 55.9mV/pH，此值接近于理论极限的 59.15mV/pH，其响应时间仅有 10s。最近的两项工作值得注意：一是 Ahn 等[31]制作了双栅 Si 纳米线场效应晶体管；二是 Upadhyay 等[32]制作了 InAs 纳米线场效应晶体管，二者均成功用于 pH 的检测。就前者而言，对于双栅场效应晶体管，其检测灵敏度达到了 68mV/pH。对于后者来说，其探测灵敏度达到了 48mV/pH。

8.3 纳米线生物传感器

8.3.1 Si 纳米线 DNA 传感器

纳米线生物传感器主要用于医学领域的 DNA 与各种病毒的检测等。尤其是对 DNA 的定量测定，对于肝炎 B 病毒或其他疾病的预防具有重要意义。Gao 等[33]用 Si 纳米线制作了常规场效应晶体管生物传感器，实现了对 DNA 的实时和无标记探测，图 8-24(a) 示出了 Si 纳米线传感器的电流随 DNA 浓度的变化。可以看出，随着 DNA 浓度的增加，电流的变化（I_{DS}/I_0）随之增加，探测到的极限浓度可低达 10^{-16}mol/L。研究指出，如果进一步优化 Si 纳米线的掺杂浓度和改善电极接触，其探测性能会得到进一步改善。接着，该小组又研究了具有循环放大作用的 Si 纳米线传感器的信噪比（SNR）增强特性，图 8-24(b) 示出了该传感器的电流变化与 DNA 浓度的关系[34]。当 DNA 浓度为 1fM 时，其 SNR 值大于 20，（如图中的曲线①所示），这是由于其探测信号得到有效增强的缘故。而未加调整的 Si 纳米线在相同 DNA 浓度下，其电流变化是很小的，如图中的曲线②所示。这意味着，这种 Si 纳米线生物传感器可用于 DNA 的快速和无标记探测。除此之外，Chiesa 等[35]采用 Si 纳米线生物传感器完成了复合 DNA 修复的早期检测，他们证实该纳米电子传感器能够探测发生在纳米线-液体表面的多线 DNA 链的键合。

8.3.2 纳米线病毒传感器

各类病毒是导致人类患病的最主要诱因之一。在医学领域中，对各种生物毒素的实时快速检测是预防各种疾病发生的有效措施。2009 年，Ishikawa 等[36]采用

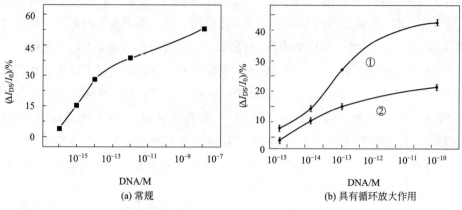

图 8-24 常规和具有循环放大作用 Si 纳
米线传感器的电流随 DNA 浓度的变化

In_2O_3 纳米线生物传感器实现了对 SARS 病毒的检测，其灵敏度可与常规的免疫生物学探测方法相比拟。其后，Gao 等[37] 采用 Si 纳米线场效应传感器件，对初态病原（PSA）进行了成功的高灵敏度探测。图 8-25 示出了电压为 0.45V 时探测 15PM PSA 浓度的传感器电导随时间的变化。可以看到，当电压为 0.45V 时传感器具有最好的信噪比。当纳米线的跨导 $g_m = 2800nS/V$ 时，所探测到的极限为 0.75PM。Huang 等[38] 采用多晶 Si 纳米线场效应晶体管生物传感器完成了对 PSA 的实时和无标记探测，图 8-26 示出了该传感器电流随 PSA 浓度的变化。可以看出，随着 PSA 浓度的增加，其漏电流呈线性增加趋势，最低的探测浓度为 5fg/mL。

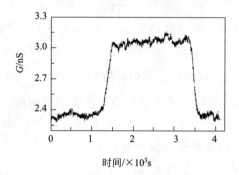

图 8-25 Si 纳米线场效应传感器电导随时间的变化

8.3.3 纳米线其他生物传感器

除了以上所介绍的纳米线 DNA 传感器和纳米线病毒传感器之外，人们还研究

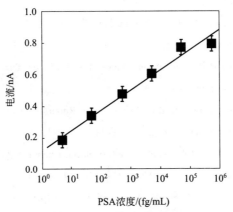

图 8-26　多晶 Si 纳米线场效应传
感器电流随 PSA 浓度的变化

了其他一些生物传感器。例如，Lee 等[39]研究了基于汤姆逊效应的 Bi 纳米线传感器对唾液的探测特性。结果发现，对于浓度为 $10\mu g/mL$ 的唾液，其响应时间为 $\tau=400s$，其电压变化幅度为 $\Delta400\mu V$。由于汤姆逊效应，其塞贝克函数近似为 $90\mu V/K$。而 Yang 等[40]制作了用于探测葡萄糖的 ZnO 纳米管阵列生物传感器，指出该传感器在 $0.8V$ 偏压下呈现 $30.85\mu A/(cm^2 \cdot mM)$ 的高探测灵敏度，最低探测极限为 $10\mu M$。由 Shen 等[41]所研制的集成 Si 纳米线场效应晶体管可用于生物烟雾的实时探测，这对环境检测技术的发展具有一定的实际意义。

参考文献

［1］　Meyyanppan, M Sunkara M K. 材料科学与应用进展. 无机纳米线: 应用、性能和表征. 北京: 科学出版社, 2012.

［2］　Fields L L, Zheng J P, Cheng Y, et al. Room-Temperature Low-Power Hydrogen Sensor Based on a Single Tin Dioxide Nanobelt Appl Phys Lett, 2006, 88: 263102.

［3］　Huang H, Lee Y C, Tan O K, et al. High Sensitivity SnO_2 Single-Nanorod Sensors for the Detection of H_2 Gas at Low Temperature. Nanotechnology, 2009, 20: 115501.

［4］　Jeong S H, Kim S, Cha J, et al. Hydrogen Sensing Under Ambient Conditions Using SnO_2 Nanowires: Synergetic Effect of Pd/Sn Codeposition. Nano Lett, 2013, 13: 5938.

［5］　Sennik E, Kilinc N, Oztiirk z z. Temperature-Dependent H_2 Gas-Sensing Properties of Fabricated Pd Nanowires Using High Oriented Pyrolysis Graphite. J Appl Phys, 2010, 108: 054317.

［6］　Yang F, Kung S C, Cheng M, et al. Smaller is Faster and More Sensitive: The Effect of Wire Size on the Detection of Hydrogen by Single Palladium Nanowires. ACS Nano, 2010, 4; 5233.

［7］　Zeng X Q, Wang Y L, Deng H, et al. Networks of Ultrasmall Pd/Cr Nanowires as High Performance

Hydrogen Sensors. ACS Nano, 2011, 9: 7443.

[8] Lim S H, Radha B, Chan J, Y, et al. Flexible Palladium-Based H_2 Sensor with Fast Response and Low Leakage Detection by Nanoimprint Lithography. Appl Mater Interface, 2013, 5: 7274.

[9] Lim W, Wright J S, Gila B P, et al. Room Temperature Hydrogen Detection Using Pd-Coated GaN Nanowires. Appl. Phys. Lett. , 2008, 93: 072109.

[10] Ren S, Fan G, Qu S, et al. Enhanced H_2 Sensitivity at Room Temperature of ZnO Nanowires Functionalized by Pd Nanoparticles. J Appl Phys, 2011, 110: 084312.

[11] Zhu L F, She J C, Luo J Y, et al. Study of Physical and Chemical Processes of H_2 Sensing of Pt-Coated WO_3 Nanowire Films. J Phys Chem C, 2010, 114: 15504.

[12] Feng P, Xue X Y, Liu Y G, et al. Achieving Fast Oxygen Response in Individual β-Ga_2O_3 Nanowires by Ultraviolet Illumination. Appl Phys Lett, 2006, 89: 112114.

[13] Xue X Y, Feng P, Wang Y G, et al. Extremely High Oxygen Sensing of Individual $ZnSnO_3$ Nanowires Arising form Grain Boundary Barrier Modulation. Appl Phys Lett, 2007, 91: 022111.

[14] Hu Y, Zhou J, Yeh P H, et al. Supersensitive, Fast-Response Nanowire Sensors by Using Schottky Contacts. Adv. Mater, 2010, 22: 3327.

[15] Niu S, Hu Y, Wen X, et al. Enhanced Performance of Flexible ZnO Nanowire Based Room-Temperature Oxygen Sensors by Piezotronic Effect. Adv Mater, 2013, 25: 3701.

[16] Huang H, Tan O K, Lee Y C, et al. Semiconductor Gas by Plasma-Enhanced Chemical Vapor Deposition with Postplasma Treatment. Appl Phys Lett, 2005, 87: 163123.

[17] Liao L, Zhang Z, Yan B, et al. Multifunctional CuO Nanowire Devices: p-Type Field Effect Transistors and CO Gas Sensors. Nanotechnology, 2009, 20: 085203.

[18] Singh N, Gupta R K, Lee P S. Gold- Nanoparticle - Functionalized In_2O_3 Nanowires as CO Gas Sensors with a Significant Enhanced halt in Response. ACS. Appl. Mater. Interfoces. , 2011, 3: 2246

[19] Zou X, Wang J. Liu X, et al. Rational Design of Sub - Parts Per Million Specific Gas Sensors Array Based on Metal Nanoparticles Decorated Nanowire Enhancement - Mode Transistors. Nano Lett, 2013; 13: 3287.

[20] Hung S C, Woon W Y, Lan S M, et al. Characteristics of Carbon Monoxide Sensors Made by Polar and Nonpolar Zinc Oxide Nanowires Gated AlGaN/GaN High Electron Mobility Transistor. Appl Phys Lett, 2013, 103: 083506.

[21] Gou X, Li R, Wang G, et al. Room - Temperature Solution Synthesis of Bi_2O_3 Nanowires for Gas Sensing Application. Nanotechnology, 2009, 20: 495501.

[22] Offermans P, Calama M C, Brongersma S H. Gas Detection with Vertical InAs Nanowire Arrays. Nano Lett, 2010, 10: 2412.

[23] Paul R K, Badhulika S, Mulchandani A. Room Temperature Detection of NO_2 Using InSb

Nanowires. Appl Phys Lett, 2011, 99: 033103.

[24] Cuscuna M, Convertino A, Zampetti E, et al. On‐Chip Fabrication of Ultrasensitive NO$_2$ Sensors Based on Silicon Nanowires. Appl Phys Lett, 2012, 101: 103101.

[25] Sun G J, Choi S W, Jung S H, et al. V-Groove SnO$_2$ Nanowire Sensors: Fabrication and Pt-Nanoparticle Decoration. Nanotechnology, 2013, 24: 025504.

[26] Mai L, Xu L, Gao Q, et al. Single β-AgVO$_3$ Nanowire H$_2$S Sensor. Nano Lett, 2010, 10: 2604.

[27] Xue X, Nie X, He B, et al. Surface Free-Carrier Screening Effect on the Output of a ZnO Nanowire Nanogenerator and Its Potential as a Self-Powered Active Gas Sensor. Nanotechnology, 2013, 24: 225501.

[28] Song X, Wang Z, Liu Y, et al. A Highly Sensitive Ethanol Sensor Based on Mesoporous Zn O-Sn O$_2$ Nanofibers. Nanotechnology, 2009, 20: 075501

[29] Rasappa S, Borah D, Faulkner C C, et al. Fabrication of a Sub-10nm Silicon Nanowire Based Ethanol Sensor Using Block Copolymer Lithography. Nanotechnology, 2013, 24: 065503.

[30] Avdic A, Lugstein A, Schödorfer C, et al. Focused Ion Beam Generated Antimony Nanowires for Microscale pH Senor. Appl Phys Lett, 2009, 95: 223106.

[31] Ahn J H, Kim J Y, Seol M L, et al. A pH Sensor with a Double-Gate Silicon Nanowire Field-Effect Transistor. Appl Phys Lett, 2013, 102: 083701.

[32] Upadhyay S, Frederiksen R, Lioret N, et al. Indium Arsenide Nanowire Field-Effect Transistor for pH and Biological Sensing. Appl Phys Lett, 2014, 104: 203504.

[33] Gao A, Lu N, Wang Y, et al. Enhanced Sensing of Acids with Silicon Nanowire Field Effect Transistor Biosensors. Nano Lett, 2012, 12: 5262.

[34] Gao A, Zou N, Dai P, et al. Signal-to-Noise Ratio Enhancement of Silicon Nanowires Biosensor with Rolling Circle Amplification. Nano Lett, 2013, 13: 4123.

[35] Chiesa M, Cardenas P P, Oton F, et al. Detection of the Early Stage of Recombination DNA Repair by Silicon Nanowire Transistors Nano Lett., 2012, 12: 1275.

[36] Ishikawa F N, Chang H K, Curreli M, et al. Lable-Free, Electrical Detection fo the SARS Virus N-Protein with Nanowire Biosensors Utilizing Antibody Mimics as Capture Probes. ACS Nano, 2009, 3: 1219.

[37] Gao X P, Zheng G, Lieber C M. Subthreshold Regime Has the Optimal Sensitivity for Nanowire FET Biosensors. Nano. Lett, 2010 10: 547.

[38] Huang Y W, Wu C S, Chuang C K, et al. Real-Time and Label-Free Detection of the Prostate-Specific Antigen in Human Serum by a Polycrystalline Silicon Nanowire Field-Effect Transistor Biosensor. Anal Chem, 2013, 85: 7912.

[39] Lee S, Lee J H, Kim M, et al. Bi Nanowire-Based Thermal Biosensor for the Detection of Salivary Cortisol Using the Thomson Effect. Appl Phys Lett, 2013, 103: 143114.

［40］ Yang K, She G W, Wang H, et al. ZnO Nanotube Arrays as Biosensors for Glucose. J Phys Chem, 2009, 113: 20169.

［41］ Shen F, Tan M, Wang Z, et al. Integrating Silicon Nanowire Field Effect Transistor, Microfluidics and Air Sampling Technique for Real-Time Monitoring Biological Aerosols. Environ Sci Technol, 2011, 45: 7473.

第9章
纳米线发光器件

以上几章中，我们主要介绍了纳米线在场效应器件、场发射器件与化学传感器中的应用。研究指出，各种纳米线不仅具有良好的电子输运性质，而且还呈现出优异的光致发光（PL）和电致发光（EL）特性，因此使其在发光二极管（LED）、激光器以及光探测器等光电子器件中也具有十分重要的应用。尤其是 GaN 和 ZnO 等材料，因其具有宽禁带特征和直接带隙性质，而且采用分子束外延和金属有机化学气相沉积方法能够制备大面积垂直排列的纳米线阵列，因而十分有利于各种发光器件的制作。

本章首先介绍发光二极管的工作原理与性能参数，然后以 GaN 和 ZnO 纳米线为主，介绍它们在发光二极管、激光器以及光探测器中的应用。最后，对 GaAs 纳米线发光器件进行简单介绍。

9.1 光学区域的电磁波谱

图 9-1 示出了光学区域的电磁波谱，从短波长到长波长大体可分为紫外线、可见光和红外线。人眼可直接观测到的波长范围即为人们所说的可见光，大致在 $0.4\sim0.7\mu m$ 区域。紫外区的波长范围为 $0.01\sim0.4\mu m$，红外区的波长范围为 $0.7\sim1000\mu m$。可见光区域主要为蓝光、绿光、黄光和橙光。紫外线区域主要为近紫外线、远紫外线和超远紫外线。红外线区域则分为近红外线、中红外线、远红外线和超远红外线。

对于某一特定的半导体材料能够发出何种波长的光，主要取决于它所具有的禁带宽度、间接跃迁和直接跃迁性质以及掺杂特性等多种因素。半导体材料的基本发光原理是电子与空穴的辐射复合，基于自发辐射可以设计和制作发光二极管，而基于受激辐射可以设计和制作激光器。此外，半导体材料的发光特性还与其所形成的结构直接相关，因此有同质结发光、异质结发光、量子阱发光、纳米晶粒发光和纳米线发光等。

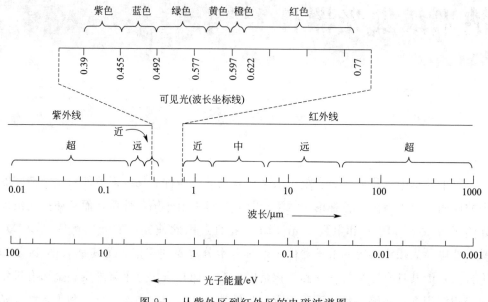

图 9-1　从紫外区到红外区的电磁波谱图

9.2　LED 的工作原理与性能参数

9.2.1　LED 的工作原理

　　LED 的基本结构是一个正向工作的 pn 结，选择其发射波长的主要依据是所构成 pn 结半导体材料的禁带宽度。现以一个 $GaAs_{1-x}P_x$ pn 结 LED 为例进行具体说明[1]。图 9-2 示出了在 n-GaAs 衬底上制作的 $GaAs_{1-x}P_x$ pn 结 LED 的器件结构示意，首先外延生长 n-$GaAs_{1-x}P_x$ 层，然后在其上扩散 Zn 以形成 p-$GaAs_{1-x}P_x$ 层，从而形成 pn 结。图中所示的 Si_3N_4 层既可作为光刻掩膜，又可作为器件的保护层。上电极为金属 Al，下电极为 Au-Ge-Ni 合金层，其中 Au 与 Ge 的组分比为 88∶12，Ni 含量为 5%～12%。在该合金层中，Ge 为掺杂剂，Au 起欧姆接触和覆盖作用，Ni 起着增加黏润性和均匀性的作用。当正向偏压加在 LED 的 pn 结两端时，注入载流子穿过 pn 结，使得载流子浓度超过热平衡值，形成过量的非平衡载流子。这些非平衡载流子将发生带间的辐射复合，其能量以光子的形式释放，从而产生发光现象，这就是通常所说的电致发光。具体而言则是，在 pn 结的 p-GaAs$_{1-x}$P$_x$ 一侧，电注入的非平衡少数载流子电子从导带向下跃迁，经过禁带与价带中的空穴发生复合，发射出能量为 E_g 的光子。而在 pn 结的 n-GaAs$_{1-x}$P$_x$ 一侧，电注入的非平衡少数载流子空穴与导带的电子复合，同样发出能量为 E_g 的光子，图 9-3 示出了 pn 结加有正向偏压下的能带图。

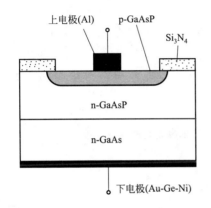

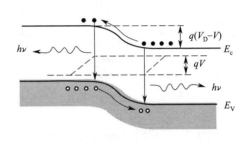

图 9-2 GaAs$_{1-x}$P$_x$ LED 的器件结构示意图 图 9-3 正向偏压下的 pn 结能带图

9.2.2 LED 的特性参数

9.2.2.1 光谱分布

LED 的光谱分布是指发光能量与波长的关系。其发射的光谱直接决定着发光的颜色，同时也反映了材料自身的物理性质。换句话说，它反映了一个确定 LED 的发光机制。一般而言，其发射光谱都是连续的光谱带，即具有一定的带宽。光谱分布曲线的光强最大处对应的波长为峰值波长 λ_p，辐射功率的半强度功率点对应的波长范围称为峰值半宽，以 $\Delta\lambda$ 表示。$\Delta\lambda$ 越小，表示光谱分布越窄，其单色性则越好。由于 LED 的光谱分布总有一定的峰值半宽，甚至在发光谱上同时出现多个峰值。所以通常人眼看到的发光颜色所对应的波长，并非一定等于峰值波长。图 9-4(a) 和 (b) 分别示出了 GaAs 和 GaAs$_{0.6}$P$_{0.4}$LED 在 300K 温度下的发光光谱分布。

9.2.2.2 发光亮度

人眼对光波的响应称为光视效率，这一波长范围一般限于 $400\sim700$nm 之间，通常指这一光谱波长为可见光。由于人眼对光观测的灵敏度变化很大，故对某一种 LED 性能的评价不仅要有其外量子效率，而且还要看所关心的波长处人眼的相对响应。就光视效率而言，在 550nm （2.23eV）处的发光是最符合需要的。由此，

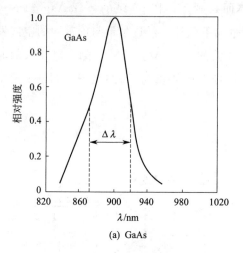
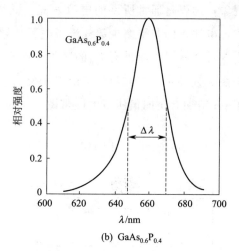

(a) GaAs   (b) GaAs$_{0.6}$P$_{0.4}$

图 9-4 GaAs 和 GaAs$_{0.6}$P$_{0.4}$ LED 的发光光谱分布

可采用下式定义 LED 的发光亮度：

$$B = 1150L \frac{J}{\lambda} \times \frac{A_j}{A_s} \eta_{ext} \tag{9-1}$$

式中，λ 为发光波长，μm；J 为注入密度，A/cm^2；L 为在波长 λ 处的光视效率，1m/W；A_j 为 pn 结的面积；A_s 为观察到的发光表面积。

9.2.2.3 量子效率

量子效率是评价 LED 性能的一个十分重要的物理参数，它反映了注入载流子复合产生光量子的效率。量子效率又分为内量子效率和外量子效率，前者是单位时间内半导体内的辐射复合产生的光子数与注入载流子数目之比，后者是单位时间内输出二极管外的光子数目与注入的载流子数目之比[2]。

内量子效率 η_{in} 可由下式表示：

$$\eta_{in} = \frac{R_r}{R_r + R_{nr}} = \frac{\tau_{nr}}{\tau_{nr} + \tau_r} \tag{9-2}$$

式中，R_r 和 R_{nr} 分别为辐射复合速率和非辐射复合速率；τ_r 和 τ_{nr} 分别为载流子的辐射复合寿命与非辐射复合寿命。而外量子效率可由下式给出：

$$\eta_{ex} = \eta_{in}(1 + \bar{\alpha}V/A\bar{T})^{-1} \tag{9-3}$$

式中，V 为 LED 器件的体积；A 为发光面积；$\bar{\alpha}$ 为平均吸收系数；$\bar{T}$ 为立体角内的全部发射光。LED 量子效率的高低直接依赖于半导体材料的性质、晶体质量、器件结构的合理性以及制作工艺等多种因素。

9.3 GaN 和 ZnO 材料的物理性质

9.3.1 GaN 的物理性质

GaN 是一种ⅢA族氮化物宽禁带半导体，其禁带宽度为 3.4eV，具有直接带隙性质。GaN 呈现出两种晶体结构，一种是纤锌矿结构，另一种为闪锌矿结构。由于 GaN 是强离子型晶体，因此在室温和大气压下，纤锌矿型 GaN 是最常见的结构，也是热力学稳态结构，而闪锌矿结构则为亚稳态结构。将ⅢA族的 Al 或 In 引入 GaN 中，可以形成ⅢA族氮化物合金 $Al_xGa_{1-x}N$ 和 $In_xGa_{1-x}N$，这样不仅可以调节 GaN 材料的禁带宽度，还可以调控其他相关物理性质。图 9-5 示出了具有纤锌矿形式的 GaN 晶体结构。由于 GaN 具有宽禁带特征、直接带隙性质、良好的电子输运性质、蓝紫光发射特性以及耐高温和抗辐照等优异物理性质，因此使其在高电子迁移率晶体管、微波功率器件、高效率蓝光和紫光发射器件中具有广阔的应用前景。

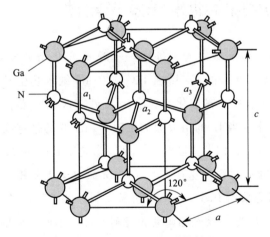

图 9-5 GaN 的纤锌矿晶体结构

9.3.2 ZnO 的物理性质

ZnO 是一种新型的ⅡB-ⅥA族化合物半导体材料，具有六角纤锌矿结构，其禁带宽度为 3.2eV，激子结合能为 60meV，具有直接带隙性质。通常，在 ZnO 薄膜的制备和形成过程中，会产生 O 空位和间隙的 Zn 原子，这些本征缺陷使得 ZnO 天然呈现出 n 型导电特性。因此，当采用 ZnO 形成 pn 结时，一般多采用 p-GaN

和 n-ZnO 构成，即形成所谓的 p-GaN/n-ZnO 异质结。由于 ZnO 具有高导电性、高热导性、良好的热稳定性和化学稳定性、良好的光学特性、高强度抗辐射和耐高温等物理性质，使其在太阳电池、表面声波器件、蓝光和紫外发光器件、紫外线探测器，以及气敏器件中具有十分重要的实际应用。图 9-6 示出了 ZnO 的晶体结构形式。

图 9-6　ZnO 的纤锌矿晶体结构

9.4　InGaN/GaN 纳米线发光器件

在目前所制作的 GaN 基发光器件中，一般多采用 InGaN/GaN 结构。其主要物理依据是：①ⅢA 族元素的 Ga 可在 InGaN/GaN 纳米线生长中作为自生长的催化剂，即无需采用其他的金属催化剂。②$In_xGa_{1-x}N$ 为三元合金，其禁带宽度可随 In 的组分数而变化。当 In 的组分数为 1 时，InN 的禁带宽度为 0.7eV。而当 In 的组分数为 0 时，GaN 的禁带宽度为 3.4eV。③制作 InGaN/GaN 纳米线发光器件多采用 Si 单晶作为衬底材料，这样有利于与 Si 微电子工艺相兼容，从而实现大面积 LED 的制作。因为采用 InGaN/GaN 纳米线制作的 LED，各自具有不同的结构形式，因而可以产生白光、绿光和蓝紫光发射特性。下面，分别对不同发光色彩的 InGaN/GaN 纳米线 LED 的发光性能进行介绍。

9.4.1　InGaN/GaN 纳米线白光 LED

白光 LED 是由红、绿、蓝三种颜色混合形成的发光二极管。Guo 等[3,4] 采用等离子体辅助分子束外延工艺，在 Si（001）衬底上实现了高质量的无催化剂辅助 InGaN/GaN 纳米线生长。通过改变 In 的组分数，获得了具有不同波长的 PL 特性，图 9-7(a) 示出了 300K 温度下测得的 InGaN 纳米线的发光特性。可以看出，随着 In 组分数的增加，InGaN 的禁带宽度减小，因此 PL 谱峰从 450nm 红移到 750nm。在这一波长范围内，包括蓝色、绿色、红色三种颜色，因而呈现出了白色发光。采用 p-i-n 结构制作的 InGaN/GaN LED 的内量子效率为 20%～35%，辐射复合寿命和非辐射复合寿命分别为 5.4ns 和 1.4ns。与此同时，该小组还在 Si（001）衬底上制作了 InGaN 纳米圆盘/GaN 纳米线白光 LED，同样在 300K 温度下观测到了具有不同 In 组分 InGaN/GaN 纳米线的白色发光，其 PL 特性如图 9-7（b）所示。由图可知，随着 In 组分的增加，发光峰值波长不断红移，而且峰值半宽也不断展宽，但发光强度并未明显改变。实验也研究了该纳米线 LED 的 EL 特性，发现当注入电流从 20A/cm² 增加到 50A/cm² 时，其发光强度不断增加。

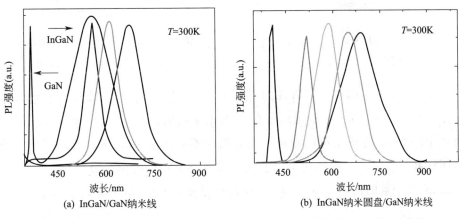

(a) InGaN/GaN纳米线　　　　　(b) InGaN纳米圆盘/GaN纳米线

图 9-7　InGaN/GaN 纳米线和 InGaN 纳米圆盘/GaN 纳米线 LED 的 PL 特性

Nguyen 等[5]首次研究了在 Si（111）衬底上制作的 InGaN 量子点/GaN 纳米线 LED 的 EL 特性，图 9-8 是在 300K 温度下测得的该发光二极管的 EL 强度随注入电流的变化。其发光峰位于 550nm 附近，此起因于 InGaN 量子点的发光。随着注入电流的不断增加，发光峰出现了一定程度的蓝移，即由 550nm 蓝移到了 430nnm，此归因于 InGaN/GaN 量子阱的光发射。除此之外，该小组还研究了 InGaN 量子点/GaN 纳米线白光 LED 发光特性的温度依赖关系，图 9-9 示出了该发光 LED 从 6～440K 温度范围的内量子效率随注入电流的变化[6]。可以看出，在温度低于 150K 时，其内量子效率可达 80% 以上，这是由于在低温下能够有效抑制非辐射复合的缘故。此外，该特性曲线还呈现出两个显著不同的特点：在较低的温度下，随着注入电流密度的增加，内量子效率没有明显降低。而随着温度的不断增加，其内量子效率随注入电流密度开始出现不同程度的减小。这是由于温度的增加，该 LED 中的高阶载流子损耗，如俄歇复合、电子过流动、载流子泄漏或应变极化等效应所导致。

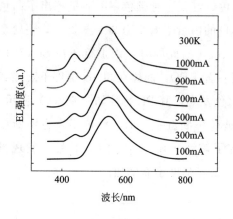

图 9-8　InGaN 量子点/GaN
纳米线 LED 的 EL 特性

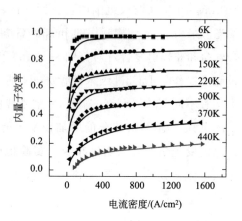

图 9-9　InGaN 量子点/GaN 纳米线
的内量子效率随温度的变化

而 Kamali 等[7]则研究了 InGaN 量子点/GaN 纳米线白光 LED 的光谱分布特性，图 9-10(a) 和（b）分别示出了在 GaN 纳米线中具有 1 个和 10 个 InGaN 量子点时的 PL 特性。从图中可以看出，随着温度不断增加，PL 强度不断减弱，而且出现了谱峰红移现象。由图还可以看出，二者具有不同峰值半宽：具有 1 个和 10 个 InGaN 量子点的白光 LED，其 PL 峰值半宽分别为 0.28eV 和 0.413eV。

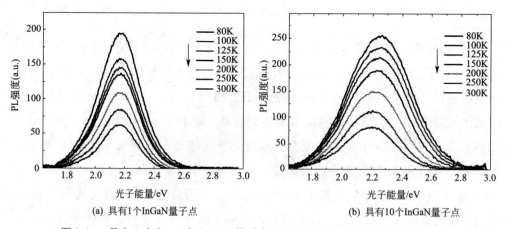

(a) 具有 1 个 InGaN 量子点　　　　　　(b) 具有 10 个 InGaN 量子点

图 9-10　具有 1 个和 10 个 InGaN 量子点/GaN 纳米线白光 LED 的 PL 特性

9.4.2　InGaN/GaN 纳米线绿光 LED

一般而言，发光谱在 450～650nm 范围的发光为绿色发光。近年，已有几个研究小组实验研究了 InGaN/GaN 纳米线 LED 的绿色发光特性。Bavencove 等[8]采用等离子体辅助分子束外延在 Si（111）衬底上生长了高质量的 InGaN/GaN 纳米线，并制作绿光发射 LED。实验发现，该 LED 在室温下呈现出良好的 EL 特性，其发光波长位于 450～650nm 范围内，发光峰为 550nm，如图 9-11 所示。由图可以看出，随着注入电流从 1mA 增加到 100mA，其发光强度逐渐增强，而峰值半宽进一步变窄，而且发光谱峰发生了蓝移，即从 562nm 蓝移到了 535nm，平均峰值半宽为 80nm。接着，Limbach 等[9]同样采用分子束外延方法在 Si（111）衬底上自催化生长了 InGaN/GaN 纳米线，并制作了 p-i-n 结构的绿光 LED，其 EL 强度随注入电流的变化示于图 9-12 中。从图中可以看出，其发光谱与图 9-11 所示十分类似，发光峰位于 540nm 处。随着注入电流从 0.1mA 增加到 8.0mA，发光强度逐渐增加。当注入电流为 8.0mA 时，其峰值半宽为 68nm。同时由该图还不难看出，随着注入电流的增加，发光谱峰出现了轻微的蓝移，此归因于该纳米线结构所具有的量子限制斯塔克效应（QCSE）。除此之外，Jahangir 等[10]也在（100）Si 衬底上制备了 InGaN 纳米圆盘/GaN 纳米线绿光 LED，并在室温下测量了注入电流从 20～100mA 范围内的 EL 特性。结果指出，随着注入电流的增加，其 EL 强度逐渐增加，并且出现了 7nm 的谱峰蓝移现象，如图 9-13 所示。

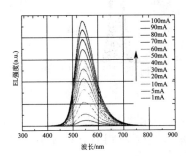

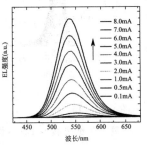

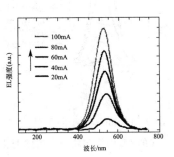

图 9-11　InGaN/GaN 纳米线的 EL 特性　　图 9-12　p-i-n InGaAs/GaN 纳米线的 EL 特性　　图 9-13　InGaN 纳米盘/GaN 纳米线的 EL 特性

9.4.3　InGaN/GaN 纳米线蓝紫光 LED

由于 GaN 和 InGaN 材料是一种具有较宽带隙的直接跃迁半导体，因此特别适合于制作蓝紫光发射器件。所谓蓝紫光器件，是指发光谱峰位置为 300～450nm 波长范围的 LED 和激光器等发光器件。Guo 等[11]采用在 Si（100）衬底上生长的 InGaN 纳米点/GaN 纳米线制作了 LED，并在 300K 温度下研究了该 LED 的 PL 强度随注入电流的变化，其结果如图 9-14 所示。易于看出，随着注入电流从 $0.1\mathrm{MW/cm^2}$ 连续增加到 $5.7\mathrm{MW/cm^2}$，其 PL 强度是不断增加的，发光峰值波长为 500nm，平均谱峰半宽为 41.4nm。研究证实，在该 LED 中由应变诱导的压电场和量子限制斯塔克效应是可以忽略的。而由组分不均匀性和合金无序性所导致的带填充效应，可以引起谱峰随激光功率增加而产生发光谱峰的红移。Ra 等[12] 采用 MOCVD 工艺在 Si (111) 衬底上生长了同轴 $\mathrm{In}_x\mathrm{Ga}_{1-x}\mathrm{N/GaN}$ 多量子阱纳米线 LED，实现了在波长为 440nm 的蓝光发射，图 9-15 示出了 300K 温度下该 LED 的 EL 特性。当注入电流从 10mA 逐渐增加到 100mA 时，其 EL 强度逐渐增加，而峰位却没有发生漂移。但是，光输出功率随注入电流的增加呈现出线性增加趋势。例如，当注入电流分别为 6mA、22mA 和 33mA 时，其光输出功率分别为 $53\mu\mathrm{W}$、$16653\mu\mathrm{W}$ 和 $25053\mu\mathrm{W}$，所估计到的外量子效率为 27.94%。而远紫外发射的 $\mathrm{Al}_x\mathrm{Ga}_{1-x}\mathrm{N}$ 纳米线 LED，在 $2\sim100\mathrm{mA}$ 注入电流的条件下获得了峰值波长为 340nm 的强光发射，峰值半宽为 30nm，内量子效率为 59%，图 9-16 示出了该 LED 的 EL 特性[13]。

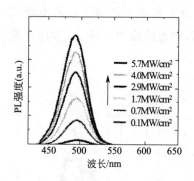 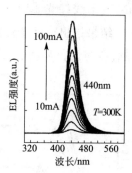 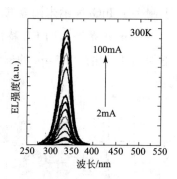

图 9-14 InGaN 纳米点/GaN 纳米   图 9-15 $\mathrm{In}_x\mathrm{Ga}_{1-x}\mathrm{N/GaN}$ 图 9-16 $\mathrm{Al}_x\mathrm{Ga}_{1-x}\mathrm{N}$
线的 PL 强度随注入电流的变化   多量子阱纳米线的 EL 特性   纳米线 LED 的 EL 特性

9.4.4 GaN 纳米线激光器

被誉为第三代半导体的 GaN 材料，在发光器件的制作方面所具有的独特优势，这不仅体现在自发辐射的 LED 应用方面，而且在低阈值蓝光激光器方面也显示出巨大发展潜力。2005 年，Gradecak 等[14] 率先采用 GaN 纳米线制作了低阈值激射蓝光激光器，图 9-17(a) 示出了该激光器在 $4\mathrm{kW/cm^2}$、$22\mathrm{kW/cm^2}$ 和 $170\mathrm{kW/cm^2}$ 注入电流密度下的激射强度与波长的依赖关系。当注入电流为 $4\mathrm{kW/cm^2}$ 时，该激光器在 365nm 波长出现自发辐射。当注入电流为 $22\mathrm{kW/cm^2}$ 时，将呈现出受激辐射现象，其发光峰位于 373nm 处，谱峰半宽窄达 0.8nm。而当注入电流为

170kW/cm² 时，该纳米线激光器开始出现强烈的受激辐射，其主要特点是发光强度随注入功率密度呈现出超线性增加趋势，如图 9-17（b）所示。

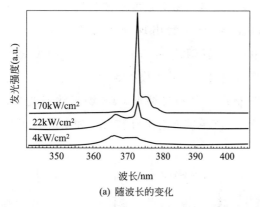
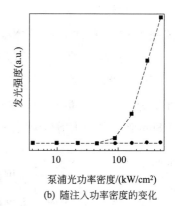

(a) 随波长的变化   (b) 随注入功率密度的变化

图 9-17 GaNa 纳米线激光器的激射强度随波长和注入泵浦功率密度的变化

2011 年，Heo 等[15] 采用二维光子晶体微腔制作了 GaN 纳米线激光器，实现了峰值波长为 371.3nm 的受激辐射，其谱峰半宽仅为 0.55nm，阈值光泵浦功率密度为 120kW/cm²。图 9-18 示出该纳米线激光器的激射强度与波长的依存关系。由图可以看出，当泵浦光功率密度为 95kW/cm² 时，观测到了一个较宽的 GaN 带边发射，其谱峰半宽为 10nm，发光峰值为 370.4nm。当泵浦光功率密度为 143kW/cm² 时，开始出现受激辐射。而当泵浦光功率密度达到 477kW/cm² 时，该激光器呈现出强烈的相干激射行为，其峰值波长为 371.3nm。与此同时，该小组还制作了室温超低阈值 GaN 纳米线极化激光器，阈值载流子密度比同样器件中观测到的光子激射密度低三个数量级[16]。

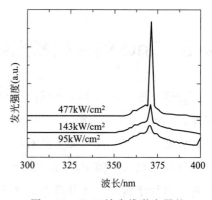

图 9-18 GaN 纳米线激光器的
激射强度随波长的变化

而在单模 GaN 纳米线激光器方面，Li 等[17] 的小组进行了十分出色的研究。首先，他们采用干式蚀刻工艺制备了高度有序的 GaN 纳米线阵列，并以此制作了具有单频输出和稳定激射的单模激光器，图 9-19 示出了纳米线长度为 4.7μm 时的激射特性。可以看出，当泵浦光功率密度为 94kW/cm² 时，该激光器出现弱自发辐射；当泵浦功率密度为 224kW/cm² 时，该激光器出现峰值半宽为 6nm 的自发辐射；当泵浦功率密度为 268kW/cm² 时，在该较宽的自发辐射光谱基础上开始出现多个尖锐的发射峰；而当光功率密度达到

1304kW/cm² 时，在 371nm 波长呈现出十分强烈的单模受激辐射，其谱峰半宽为 0.12nm，单模抑制比大于 18.6dB。其后，Xu 等[18]制作了由 Ag 衬底诱导生长的单模 GaN 纳米线激光器，图 9-20 示出了该激光器的激射强度随波长的变化。很显然，当泵浦光功率密度为 254kW/cm² 时，激光器开始出现受激辐射，激射谱峰为 369.3nm。随着光功率密度增加，单模激射随之而增强。而当光功率密度为 526kW/cm² 时，出现一个十分强烈的受激辐射峰，其单模抑制比达到了 17.4dB，谱峰半宽为 0.12nm。最近，Wright 等[19]制作了分布反馈型 GaN 纳米线激光器，在 369.8nm 波长呈现出谱峰尖锐的受激辐射，其单模抑制比为 17dB，如图 9-21 所示。

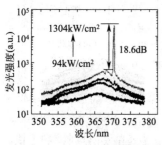 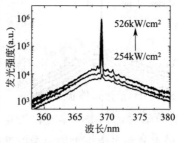 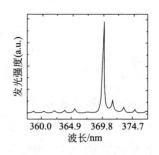

图 9-19　蚀刻 GaN 纳米线的激射特性　　图 9-20　Ag 诱导生长 GaN 纳米线激光器的激射特性　　图 9-21　分布反馈型 GaN 纳米线激光器的激射特性

9.5　ZnO 纳米线发光器件

如前所述，GaN 和 ZnO 都具有优异的物理性质，十分适合于各类发光器件的制作。如果称 GaN 为第三代半导体，那么可称 ZnO 为新一代明星半导体材料。但二者在制作 pn 结 LED 方面却有所不同。这是由于 GaN 不仅能实现 n 型掺杂，而且还可以实现 p 型掺杂，所以 pn 结可以均由ⅢA 族氮化物 GaN、InGaN 和 AlGaN 实现。而与此相反，到目前为止 ZnO 只能实现 n 型掺杂，而不能实现有效的 p 型掺杂，故 pn 结的 p 区一般仍由 p-GaN 担任。下面，我们将简单介绍 ZnO 在蓝光和紫光 LED、激光器和探测器方面的应用。

9.5.1　ZnO 纳米线 LED

9.5.1.1　n-ZnO 纳米线/p-GaN LED

在早期的研究中，Jeong 等[20]采用 n-ZnO 纳米线/p-GaN 异质结制作了远紫外发射二极管，获得了 386nm 波长的强电致发光，其 EL 特性如图 9-22 所示。由图可以看到，当外加电压为 3V 时，未观测到明显的 EL 特性。当外加偏压为 9V 时，开始出现紫外发射。而当外加偏压增加到 12V 时，获得了较窄峰值半宽的远紫外发光，这种发光源自于 n-ZnO 纳米线中电子与空穴的辐射复合。其后，Ng 等[21] 也在 5～8V 正向偏压范围内研究了 ZnO 纳米点/p-GaN LED 的 EL 特性，其结果示于图 9-23 中。该 EL 谱的峰值波长为 400nm，其发光谱峰位置基本不随外加偏压而变化。然而，当对该 LED 施加−44～−24V 的反向偏压时，却呈现出多谱峰发光现象。研究指出，440nm 波长的发射来自于 p-GaN 层中的受主，380nm 和 560nm 的发光来自于 ZnO 中的激子和缺陷发射。

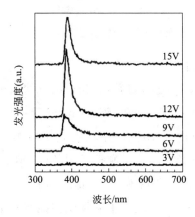

图 9-22 n-ZnO 纳米线/p-GaN 异
质结发射二极管的 EL 特性

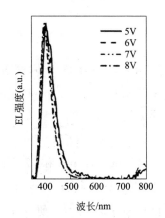

图 9-23 ZnO 纳米点/p-GaN LED
的 EL 特性

Xu 等[22] 采用在 p-GaN 衬底上制备的有序 n-ZnO 纳米线阵列和 p-GaN 制作了蓝色/近紫外 LED，并研究了正向偏压为 4～10V 范围的 EL 特性，如图 9-24(a) 所示。可以看出，其发光谱峰位于 400～420nm 的波长范围，平均峰值半宽为 60nm。随着外加偏压的增加，谱峰的位置发生了轻微蓝移，光谱分布呈现出典型的高斯分布形式。同年，Lupan 等[23] 也报道了 n-ZnO 纳米线/p-GaN LED 的远紫外电致发光实验结果，如图 9-24(b) 所示。该 LED 的发光阈值电压约为 4.4V，其后随着外加偏压逐渐增加，其 EL 强度也不断增强。发光谱峰为 397nm，谱峰半宽为 22nm，是一种典型的远紫外发光。该 LED 所呈现出的低偏压下强紫外稳定发光，意味着 n-ZnO 纳米线/p-GaN 界面具有较高的质量，即具有相对较低的界面缺陷密度，因而有效减少了界面的载流子复合。而 Bie 等[24] 由单根 ZnO 纳米线/p-GaN 异质结制作了远紫外 LED，在正向偏压 15～35V 条件下也实现了峰值波长为 391nm 的光发射，谱峰半宽为 36nm，这种非常好的远紫外发射特性使其在未来的纳米尺度光源中具有良好的应用前景。

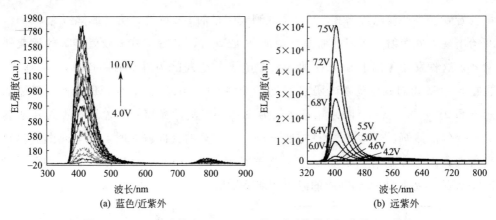

(a) 蓝色/近紫外　　　　　　　(b) 远紫外

图 9-24　ZnO 纳米线/p-GaN LED 的蓝色/紫外和远紫外 EL 特性

9.5.1.2　n-ZnO 纳米线/p-聚合物混合异质结 LED

　　除了 n-ZnO 纳米线/p-GaN 异质结 LED 之外，还可以采用 ZnO 纳米线与聚合物一起形成混合异质结，从而实现蓝紫光发射 LED。2006 年，Chang 等[25] 采用 n-ZnO纳米棒/p-(PEDOT/PSS) 混合 pn 结制作了 LED，并观测到了谱峰位于 383nm、430nm、640nm 和 1748nm 的多彩色发光。而 Liu 等[26] 采用 ZnO 纳米线/ (CBP+PVK) 聚合物异质结制作的 LED，获得了谱峰为 377nm 的远紫外发射，其发光谱如图 9-25 所示。研究指出，该远紫外发光与 ZnO 中的深受主能级和聚合物中的激子有关。更进一步，Yang 等[27] 采用 ZnO 纳米线/p-(PEDOT/PSS) 异质结制作了远紫外发光 LED，在 20~28V 偏压下获得了发光峰值波长为 387nm 和谱峰半宽为 13nm 的强烈发光，其外量子效率为 5.9%，图 9-26 示出了该 LED 的 EL 特性。可以看出，随着加电压的增加，发光强度逐渐增加。

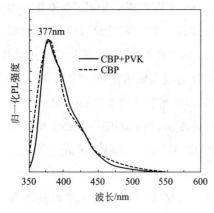

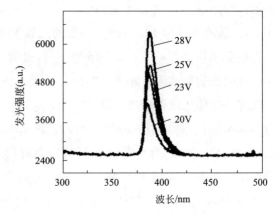

图 9-25　ZnO 纳米线/(CBP+PVK) 混　　　图 9-26　n-ZnO 纳米线/p-(PEDOT/PSS)
　　　合异质结的发光谱　　　　　　　　　　　　　　LED 的 EL 特性

9.5.2 ZnO 纳米线激光器

早在 2005 年，Zhang 等[28]即制作了单晶 ZnO 纳米线激光器。当 ZnO 纳米线长度为 7.5μm 时，其外量子效率达到了 60%，内量子效率达到了 85%，输出功率为 0.1mW，其激射波长为 385nm。2011 年，Kim 等[29]采用热 CVD 工艺在 p-Si 衬底上制备了 n-ZnO 纳米线，进而制作了 n-ZnO 纳米线/p-Si 异质结激光器，图 9-27示出了其 EL 强度随波长的变化。从图中可以看出，EL 谱出现了两个峰：一个是较弱的发光峰，其峰值位置为 386nm，峰值半宽为 5.6nm；另一个较强的激射峰，其峰值波长 394nm，峰值半宽为 3.7nm。分析指出，这两个峰归因于 ZnO 纳米线中的带-带跃迁。接着，Han 等[30]研究了单根 ZnO 纳米线激光器的激射特性，发现对于 2.5μm 长的 ZnO 纳米线，在激射光谱上呈现出两个峰，一个激射峰位于 381nm 处，而另一个则位于 387nm 处，其激射阈值为 60μJ/cm²。初步研究证实，这两个峰的出现与发生在 ZnO 纳米线激光器中物质与光的强相互作用以及电场极化现象有关。图 9-28 示出了该 ZnO 纳米线激光器的激射特性。关于 ZnO 纳米线激光器的详细评论，请参见文献 [31]。

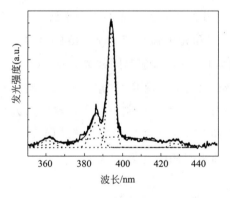

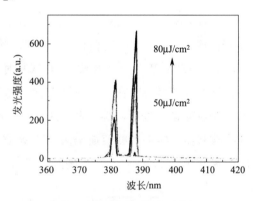

图 9-27　n-ZnO 纳米线/p-Si 异质 结激光器的 EL 特性

图 9-28　单根 ZnO 纳米线激 光器的激射特性

9.5.3 ZnO 纳米线光探测器

LED 和激光器为光发射器件，光探测器则为光接收器件。表征光探测器性能的主要技术指标是响应率和响应时间。高灵敏的响应率和快速的响应时间是光探测器研究所追求的主要目标。2009 年，Huang 等[32]采用 ZnO 纳米棒/n-Si 异质结制作了远紫外和可见光探测器，发现在远紫外波段的响应率为 0.3A/W，而在可见光波长的响应率为 0.5A/W。Leng 等[33]采用 ZnO 纳米线阵列制作了远紫外线探测器，实现了峰值波长为 384nm 的光探测特性。结果发现，当外加反向偏压从 −0.1V 增加到 −3V 时，其响应率从 2.5×10^{-2} A/W 增加到了 4A/W，如图 9-29 所示。而 Shi 等[34]采用无催化方法制备了掺 Sb 的 p-ZnO 纳米线，并制作了同质 pn 结光探测器，获得了 64.5% 的外量子效率。其光探测峰值波长为 386nm，谱峰半宽为 6nm，光响应率为 200mA/W，如图 9-30 所示。

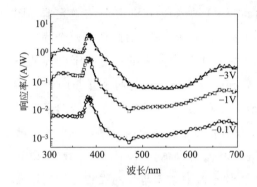

图 9-29　ZnO 纳米线阵列远紫外线探测器

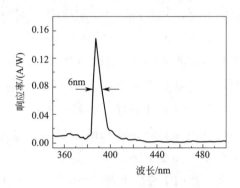

图 9-30　掺杂 Sb 的 p-ZnO 纳米线光探测器的探测特性

　　具有高响应率和快恢复时间的 ZnO 纳米线肖特基势垒远紫外探测器已由 Cheng 等制作成功[35]。该探测器的开/关比、响应率和光电流增量分别达到了 4×10^5、$(2 \sim 6) \times 10^3$ A/W 和 8.5×10^3。其恢复时间为 0.28s，响应时间常数为 46ns，由此证实该光探测器具有优异的探测特性。图 9-31 示出了该探测器的开/关电流随时间的有规律变化。最近，Bai 等[36]采用 ZnO 微米/纳米线网络制作了快速响应的远紫外线探测器，实现了峰值波长为 365nm 的光探测，其光电流增量为 5×10^3，恢复时间为 0.2s，图 9-32 示出了该探测器的光电流随时间的变化。

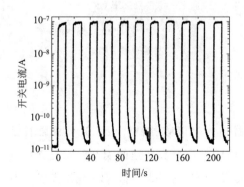

图 9-31　ZnO 纳米线肖特基势垒远紫外探测器性能

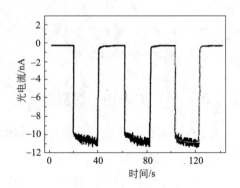

图 9-32　ZnO 微米/纳米线网络远紫外线探测器的光电流特性

9.6 GaAs 纳米线发光器件

GaAs 是一种最典型的 ⅢA-ⅤA 族化合物半导体材料，由于它的直接带隙性质，特别适宜制作发光器件，且由于它的禁带宽度为 1.42eV，因此发光波长一般处在红外波段。早在 2004 年，Schmult 等[37]就制作了 GaAs/AlGaAs 量子线红外量子级联激光器，并在峰值波数为 $1200cm^{-1}$ 处观测到了中红外发射。2009 年，Thunich 等[38]报道了 p-GaAs 纳米线的光电流和光电导的测试结果，证实该光探测器的响应时间快于 $200\mu s$。

Tomioka 等[39]在 Si（111）衬底上制作了 GaAs/AlGaAs 核-壳结构纳米线 pn 结发光二极管。实验指出，当注入电流密度为 $6.4A/cm^2$ 时，开始出现电致发光，图 9-33 示出了该 LED 的 EL 特性。可以看出，其发光峰值能量为 1.48eV，谱峰半宽为 7nm，该 LED 的研制为 Si 基光子学研究打开了一条新的通道。与此同时，No 等[40]也研究了 GaAs 纳米线 LED 的发光特性，并实验观测到该 LED 在峰值波长为 850nm 的 EL 特性，如图 9-34 所示。

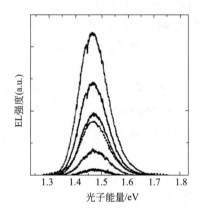
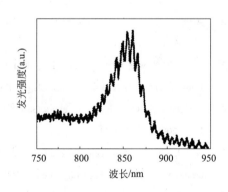

图 9-33 GaAs/AlGaAs 核-壳纳
米线 LED 的 EL 特性

图 9-34 GaAs 纳米线 LED 的发光特性

参考文献

[1] 孟庆巨, 刘海波, 孟庆辉. 半导体器件物理. 北京: 科学出版社, 2005.

[2] Sze S M, Ng K K. Physics of Semiconductor Devices. Hoboken, New Jersey: John Wiley & Sons Inc, 2007.

[3] Guo W, Zhang M, Banerjee A, et al. Catalyst-Free InGaN/GaN Nanowire Light Emitting Diodes Grown

on（001）Silicon by Molecular Beam Epitaxy. Nano Lett, 2010, 10: 3355.

［4］ Guo W, Banerjee A, Bhuttacharya P. Light Emitting Diodes on （001） Silicon. Appl Phys Lett, 2011, 98: 193102.

［5］ Nguyen H P T, Cui K, Zhang S, et al. Controlling Electron Overflow in Phosphor-Free In GaN/GaN Nanowire White Light-Emitting Diodes. Nano Lett, 2012, 12; 1317.

［6］ Nguyen H P T, Djavid M, Cui K, et al. Temperature-Dependent Nonradiative Recombination Processes in GaN-Based Nanowire White-Light-Emitting Diodes on Silicon. Nanotechnology, 2012, 23: 194012.

［7］ Kamali Y, Walsh B R, Mooney J, et al. Spectral and Spatial Contributions to White Light Generation from InGaN/GaN Dot-in-Wire Nanostructures. J Appl Phys, 2013, 114: 164305.

［8］ Bavencove A L, Tourbot G, Garcia J, et al. Submicrometer Resolved Optical Characterization of Gree Nanowire-Based Light Emitting Diodes. Nanotechnology, 2011, 22: 345705.

［9］ Limbach F, Hauswald C, Lähnemann J, et al. Current path in Light Emitting Diodes Based on Nanowire Ensembles. Nanotechnology, 2012, 23: 465301.

［10］ Jahangir S, Banerjee A, Bhattacharya P. Carrier Lifetimes in Green Emitting InGaN/GaN Disks-in-Nanowire and Characteristics of Green Light Emitting Diodes. Phys Status Solidi C, 2013, 10: 812.

［11］ Guo W, Zhang M, Bhattacharya P, et al. Auger Recombination in Ⅲ-Nitride Nanowires and Its Effect on Nanowire Light-Emitting Diode Characteristics. Nano Lett, 2011, 11: 1434.

［12］ Ra Y H, Navamathvan R, Park J H, et al. Coaxial $In_x Ga_{1-x}$N/GaN Multiple Quantum Well Nanowire Arrays on Si （111） Substrate for High-Performance Light-Emitting Diodes. Nano Lett, 2013, 13: 3506.

［13］ Wang Q, Connie A T, Nguyen H P T, et al. Highly Efficient, Spectrally Pure 340nm Ultraviolet Emission from $Al_x Ga_{1-x}$N Nanowire Based Light Emitting Diodes. Nanotechnology, 2013, 2: 345201.

［14］ Gradecak S, Qian F, Li Y, et al. GaN Nanowire Laser with Low Lasing Thresholds. Appl Phys Lett, 2005, 87: 173111.

［15］ Heo J, Guo W, Bhattacharya P. Monolithic Single GaN Nanowire Laser with Photonic Crystal Microcavity on Silicon. Appl Phys Lett, 2011, 98: 021110.

［16］ Das A, Heo J, Jankowski M, et al. Room Temperature Ultralow Threshold GaN Nanowire Polariton Laser. Phys Rev Lett, 2011, 107: 066405.

［17］ Li Q, Wright J B, Chow W W, et al. Single-Mode GaN Nanowire Lasers. Optics Express, 2012, 20: 17873.

［18］ Xu H, Wright J B, Hurtado A, et al. Cold Substrate-Induced Single-Mode Lasing of GaN Nanowires. Appl Phys Lett, 2012, 101: 221114.

［19］ Wright J B, Campione S, et al. Distributed Feedback Gallium Nitride Nanowire Lasers. Appl Phys Lett, 2014, 104: 041107.

［20］ Jeong M C, Oh Y, Ham M H, et al. Electroluminescence form ZnO Nanowires in n-ZnO Film/ZnO

Nanowire Array/p-GaN Film Heterojunction Light-Emitting Diodes. Appl Phys Lett, 2006, 88: 202105.

[21] Ng A M C, Xi Y Y, Hsu Y F, et al. GaN/ZnO Nanorod Light Emitting Diodes with Different Emission Spectra. Nanotechnology, 2009, 20: 445201.

[22] Xu S, Xu C, Liu Y, et al. Ordered Nanowire Array Blue/Near-UV Light Emitting Diodes. Adv Mater, 2010, 22: 2749.

[23] Lupan O, Pauporte T, Viana B. Low-Voltage UV-Electroluminescence from ZnO-Nanowire Array/p-GaN Light-Emitting Diodes. Adv Mater, 2010, 22: 3298.

[24] Bie Y Q, Liao Z M, Wang P W, et al. Single ZnO Nanowire/p-Type GaN Heterojunction for Photovoltaic Devices and UV Light-Emitting Diodes. Adv Mater, 2010, 22: 4284.

[25] Chang H T, Chen J J, Ren F, et al. Electroluminescence from ZnO Nanowire/Polymer Composite p-n Junction. Appl Phys Lett, 2006, 88: 173503.

[26] Liu J, Ahn Y H, Park J Y, et al. Hybrid Light-Emitting Diodes Based on Flexible Sheets of Mass-Produced ZnO Nanowires. Nanotechnology, 2009, 20: 445203.

[27] Yang Q, Liu Y, Pan C, et al. Largely Enhanced Efficiency in ZnO Nanowire/p-Polymer Hybridized Inorganic/Organic Ultraviolet Light-Emitting Diode by Piezo-Phototronic Effect. Nano Lett, 2013, 13: 607.

[28] Zhang Y, Russo R E. Quantum Efficiency of ZnO Nanowire Nanolasers. Appl Phys Lett, 2005, 87: 043106.

[29] Kim K, Moon J, Kim J, et al. Electrically Driven Lasing in Light-Emitting Devices Composed of n-ZnO and p-Si Nanowires. Nanotechnology, 2011, 22: 245203.

[30] Han N S, Shim H S, Lee S, et al. Light-Matter Interaction and Polarization of Single ZnO Nanowire Lasers. Phys Chem Chem Phys, 2012, 14; 10556.

[31] Vanmaekelbergh D, Vugh L K V. ZnO Nanowire Lasers. Nanoscale, 2011, 3: 2783.

[32] Huang H, Fang G, Mo X, et al. Zero-Biased Near-Ultraviolet and Visible Photodetector Based on ZnO Nanorods/n-Si Heterojunction. Appl Phys Let, 2009, 94: 063512.

[33] Leng Y H, He Z B, Luo L B, et al. ZnO Nanowires Array p-n Homojunction and Its Application as a Visible-Blind Ultraviolet Photodetector. Appl Phys Lett, 2010, 96: 053102.

[34] Shi L, Wang F, Li B, et al. A High Efficient UV Photodetector Based on a ZnO Microwave p-n Homojunction. J Mater Chem C, 2014, 2: 5055.

[35] Cheng G, Wu X, Liu B, et al. ZnO Nanowire Schottky Barrier Ultraviolet Photodetector with High Sensitivity and Fast Recovery Speed. Appl Phys Lett, 2011, 99: 203105.

[36] Bai Z, Yan X, Chen X, et al. High Sensitivity, Fast Speed and Self-Powered Ultraviolet Photodetectors Based on ZnO Micro/Nanowire Networks. Progress in Natural Science: Materials International, 2014, 24: 1.

［37］ Schmult S, Keck I, Herrle T, et al. Mid Infrared Emission of Quantum Wire Cascade Structures. Physica E, 2004, 21: 223.

［38］ Thunich S, Prechtel L, Spirkoska D, et al. Photocurrent and Photoconductance Properties of a GaAs Nanowire. Appl Phys Lett, 2009, 95: 083111.

［39］ Tomioka K, Motohisa J, Hara S, et al. GaAs/AlGaAs core-Multishell Nanowire-Based Light-Emitting Diodes on Si. Nano Lett, 2010, 10: 1639.

［40］ No Y S, Choi J H, Ee H S, et al. A Double-Strip Plasmonic Waveguide Coupled to an Electrically Driven Nanowire LED. Nano Lett, 2013, 13: 772.

第10章
纳米线光伏器件

进入 21 世纪以来，现代光伏技术获得了迅速发展。作为第三代光伏材料的自然候选者，各类纳米结构材料正在受到人们的广泛重视。其中，一维纳米结构（如纳米线、纳米棒与纳米管等）的合成制备及其在光伏器件中的应用是一个重要发展方向。这是因为各种一维纳米材料具有许多新颖光伏性质：①纳米线具有大的比表面积，而且随着占空比（纳米线长度与直径之比）的增加，其比表面积也随之增加，因此十分有利于光吸收；②纳米线的一维结构属性，使载流子在其中具有直线传输性质，这有利于增大光生载流子的迁移率与电极收集效率；③尤其重要的是，各类纳米线具有低反射率特性，故可以增加其光俘获，这对改善太阳电池的光伏性能极为有利。理论研究指出，在优化纳米线的直径、长度、密度与形貌等条件下，由计算得到的转换效率可达 $15\%\sim18\%$。

本章将介绍几种主要的一维纳米结构太阳电池，如 Si 纳米线太阳电池、ZnO 纳米线太阳电池、TiO_2 纳米线染料敏化太阳电池以及 InP 纳米线太阳电池等的光伏性能及其某些研究进展。

10.1　太阳电池的光伏参数

光伏参数是表征太阳电池性能的技术指标。它主要由以下几个参数表示，即短路电流密度 J_{sc}、开路电压 V_{oc}、填充因子 FF 和转换效率 η。在某些情形下，还可以通过太阳电池对光生载流子的收集特性进行表征，这就是所谓的载流子收集效率[1]。

10.1.1　短路电流密度

短路电流密度是太阳电池的重要光伏参数。在光照射条件下，一个 pn 结太阳电池的短路电流共由三部分组成，即 p 区的电子流（J_p）、n 区的空穴流（J_n）和空间电荷区的光生电流（J_d）。因此，总的短路电流密度（J_{sc}）可由下式表示：

$$J_{sc} = \int_{\lambda_{min}}^{\lambda_{max}} (J_n + J_p + J_d)d\lambda \tag{10-1}$$

式中，λ_{max} 和 λ_{min} 分别为太阳光谱的最长和最短波长。对于太阳光，λ_{min} 约为 $0.3\mu m$，而 λ_{max} 则相应于半导体吸收的波长。一般而言，光电流大小正比于入射光的强度，同时与载流子的扩散长度和表面复合速率直接相关。

10.1.2　开路电压

开路电压是 pn 结太阳电池的另一个重要光伏参数，是太阳电池所能提供的最大电压。太阳电池的开路电压（V_{oc}）可由下式给出：

$$V_{oc} = \frac{nkT}{q}\ln(\frac{J_{sc}}{J_0} + 1) \tag{10-2}$$

式中，n 为掺杂浓度；T 为热力学温度；J_0 为饱和电流密度；k 为玻耳兹曼常量；q 为电子电荷。毫无疑问，为了增加 V_{oc}，应使太阳电池具有较大的 J_{sc}，而尽量减小其 J_0 值。

10.1.3　填充因子

太阳电池的填充因子是由 I_{sc} 和 V_{oc} 所共同决定的一个光伏参数，一般它可由下式表示：

$$FF = \frac{V_m I_m}{V_{oc} I_{sc}} \tag{10-3}$$

式中，I_{sc} 为太阳电池短路电流；V_m 和 I_m 为太阳电池具有最大输出功率时的最佳工作点的电压和电流。

10.1.4　转换效率

转换效率是表征太阳电池光伏性能的一个综合参数。它是太阳电池的最大电输出功率与入射光功率的百分比，即：

$$\eta = \frac{(FF)V_{oc}I_{sc}}{P_{in}} \times 100\% \tag{10-4}$$

式中，P_{in} 为入射光功率。

10.1.5　载流子收集效率

载流子收集效率 η_{col} 可定义为在光照条件下，pn 结的光生电流与入射光子数量之比。

$$\eta_{col} = \frac{J_p + J_n}{q\phi_0} \times 100\% \tag{10-5}$$

式中，ϕ_0 为入射光子通量。为了获得较高的载流子收集效率，应进一步提高材料的生长质量，最大限度地减少作为载流子复合中心的各种缺陷。

10.2　纳米线的光伏特性

纳米线是典型的准一维纳米结构。尽管其形貌特征大相径庭，但它们均具有纳米材料所特有的优异性质，如高效率能量转换性能、低反射率特性以及良好的电子输运性质等[2]。除此之外，由纳米线与聚合物相结合形成的混合异质结，也同样具有良好的光伏特性。

10.2.1　高效能量转换性能

纳米物理的研究指出，当材料的体系尺寸减小到纳米量级时，其表面能会增大，位于表面的原子会占有相当大的比例，即纳米材料具有很大比表面积。随着体系尺寸的进一步减小，表面原子数会迅速增加，其结果是导致表面原子配位不足，具有很高的表面活性。从光吸收角度而言，大的比表面积十分有利于材料的光吸收，因而可用于高转换效率太阳电池的制作，这一点在纳米线方面体现得更加明显。尤其是对于小直径和长纳米线而言，其光伏优势更加显著。

10.2.2　低反射率特性

一般而言，半导体晶片表面是经过化学抛光处理的，因此对入射光具有较强的光反射能力。所以，为了增加太阳电池的光吸收，多采用表面织构的方法。对于纳米线来说，通常它们是采用金属催化生长或溶液合成，也有的采用化学腐蚀方法制备，因此其表面是不光滑的，这就十分有利于它们对光的吸收。尤其是当表面存在较多缺陷时，纳米线对光子具有更强的俘获能力，再加上纳米线所具有的大比表面这一特点，因而可使其呈现出低反射率特性。

10.2.3 直线电子输运性质

良好的直线电子输运是纳米线所具有的另一个光伏优势。尤其是对具有垂直排列的 ZnO 和 GaN 纳米线而言，可以显著提高其载流子迁移率，减少载流子复合，这对制作径向 pn 结太阳电池十分有利。因为当有太阳光照射时，如果光从纳米线的顶部入射，而载流子的产生、分离、输运和收集沿着纳米线长度的方向进行，可大大改善太阳电池的光伏性能。

10.3 Si 纳米线太阳电池

10.3.1 Si 纳米线的低反射率特性

低反射率和强光吸收是实现光伏器件高转换效率的首要条件。诸多研究业已指出，采用各种方法所制备的 Si 纳米线都显示出良好的抗反射与光俘获特性。Sivakov 等[3]采用化学蚀刻方法制备了 Si 纳米线，在 $300 \sim 800nm$ 波长范围内获得了低于 5% 的反射率，如图 10-1 所示。为了便于比较，图中还一并示出了具有双面抛光和单面抛光 Si（111）片的光反射特性。很显然，在同一波长范围（$300 \sim 800nm$）内，Si 晶片的光反射率远高于 Si 纳米线的光反射率。由 Si 纳米线制作的太阳电池，在 AM1.5 光照条件下获得的开路电压为 0.45V，短路电流密度为 $40mA/cm^2$ 和转换效率为 4.4%。

纳米线直径对光反射率具有一定影响。Gunawan 等[4]研究了 Au 膜催化剂厚度分别为 1nm、2nm 和 3nm 时采用 VLS 机制生长的 Si 纳米线的反射率与波长的关系，如图 10-2 所示。由图可以看出，当 Au 膜厚度为 2nm 和 3nm 时，在 $400 \sim 1000nm$ 的波长范围内，其反射率均低于 20%。而当 Au 膜厚度为 1nm 时，其光反射率则大于 30%。这里需要说明的是，作为金属催化剂的 Au 膜厚度直接影响着所形成的 Au-Si 合金液滴直径，进而影响 Si 纳米线的直径。

除了纳米线直径以外，纳米线长度对其反射率也有着重要影响。Srivastava 等[5]采用不同腐蚀时间制备了具有不同长度的 Si 纳米线，发现随着腐蚀时间的不断增加，其反射率逐渐减小，如图 10-3 所示。可以看出，当腐蚀时间超过 4min 之

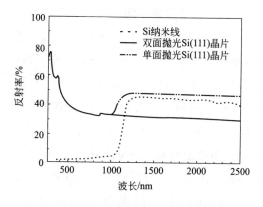

图 10-1 Si 纳米线的光反射特性及
与 Si（111）晶片的比较

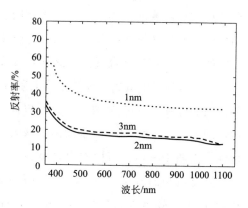

图 10-2 不同厚度 Au 膜催化生长的
纳米线的反射特性

后，在 $300\sim800nm$ 波长的反射率都低于 10%，这意味着它可以吸收 90% 以上的光。其后，Li 等[6]也由化学蚀刻方法制备了具有不同长度（$1\mu m$、$4.5\mu m$ 和 $6\mu m$）的 Si 纳米线阵列，在 $300\sim1000nm$ 波长范围内其反射率均低于 5%，远低于未经腐蚀的 Si 平面的反射率，如图 10-4 所示。与此同时，Wang 等[7]也实验研究了垂直阵列 Si 纳米线长度对其反射率的影响。结果指出，随着其长度的增加，纳米线反射率逐渐减小。尤其是当纳米线长度为 $2.12\mu m$ 时，其反射率仅有 3%。

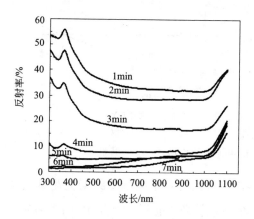

图 10-3 采用不同腐蚀时间制备的
Si 纳米线的反射特性

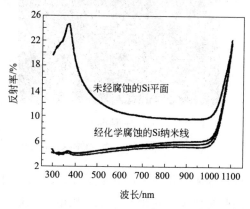

图 10-4 化学蚀刻法制备的不同长度
Si 纳米线阵列的反射特性及与未经腐
蚀的 Si 平面的比较

10.3.2 Si 纳米线径向 pn 结太阳电池

如上所述，所谓纳米线径向 pn 结太阳电池，是为了充分增加光生载流子的分离效应，而沿着纳米线生长方向构建的 pn 结或 p-i-n 结太阳电池。因为在这种电池结构中，光生载流子的分离、输运与收集等过程都是沿纳米线径向进行的，它与光吸收的方向正好是垂直关系。这样，pn 结能够使大部分的光生载流子到达耗尽区，并产生相应的光生电流。Si 纳米线太阳电池的早期工作，是由 Tsakalakovs 等[8]在玻璃衬底上合成阵列式 Si 纳米线，并以此为光吸收有源区而制作的径向 pn 结太阳电池，图 10-5(a) 和（b）分别示出了该太阳电池的剖面结构与电流密度-电压（J-V）特性。由图 10-5(a) 可以看出，该径向 pn 结太阳电池的基本结构是由 p 型 Si 纳米线与外部沉积的 n 型 a-Si：H 薄膜所构成。由图 10-5(b) 可以看到，在 690nm 波长的外量子效率为 12％。最终，AM1.5 光照条件下太阳电池最高的 V_{oc} = 0.130V，填充因子为 0.28，转换效率为 0.1％。

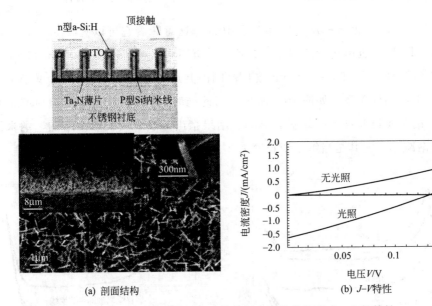

(a) 剖面结构　　　　(b) J-V 特性

图 10-5　Si 纳米线径向 pn 结太阳电池的结构形式、J-V 特性

　　如果采用纳米晶粒对 Si 纳米线进行修饰，可以有效增强纳米线对光生载流子的收集能力，这将有利于太阳电池光伏性能的改善。Peng 等[9]利用 Pt 纳米晶粒对高度垂直的 Si 纳米线阵列进行了化学修饰，并研究了 Pt 纳米晶粒密度对 Si 纳米线光电化学太阳电池转换效率的影响。结果证实：如果在 Si 纳米线阵列表面沉积 2min 的 Pt 纳米晶粒，太阳电池可获得 6.1％ 的转换效率；当沉积时间增加到 10min 时，其转换效率迅速增加到 7.0％；而当沉积时间为 25min 时达到最高转换效率，其值为 8.1％。这是由于经金属纳米粒子修饰的纳米线，可以有效调整载流子的输运特性。图 10-6 所示为经 Pt 纳米晶粒修饰的 Si 纳米线阵列示意，图 10-7

所示为太阳电池转换效率随 Pt 晶粒沉积时间的变化。

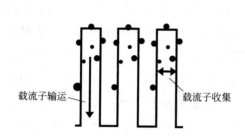

图 10-6　经 Pt 修饰的 Si 纳米线阵列示意图

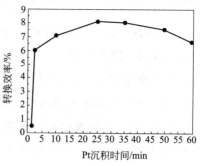

图 10-7　太阳电池转换效率
随 Pt 晶粒沉积时间的变化

2012 年，Yu 等[10]首先在 ZnO 覆盖的玻璃衬底上采用 VLS 机制生长了 p 型 Si 纳米线，然后又在其上采用 PECVD 工艺先后沉积了本征 a-Si：H 层和 n 型 a-Si：H 层，并以此构建了 n 型 a-Si：H/i 层 a-Si：H/p-Si 纳米线径向 pn 结太阳电池。结果指出，不同厚度的 i 层 a-Si：H 薄膜对其光伏性能有着至关重要的影响。当 i 层 a-Si：H 薄膜厚度分别为 20nm、40nm 和 80nm 时，其转换效率分别为 2.2%、3.1% 和 4.2%，图 10-8 示出了该太阳电池的 J-V 特性。其后不久，该小组又进一步研究了 Si 纳米线密度对太阳电池转换效率的影响。发现随着 Si 纳米线密度的增加，其转换效率也随之增加。例如，当 Si 纳米线密度为 $2 \times 10^7 \text{cm}^{-2}$ 时，其转换效率为 3.8%；当 Si 纳米线密度增加到 $6 \times 10^8 \text{cm}^{-2}$ 时，其转换效率为 4.6%。而平面结构太阳电池的转换效率仅为 2.4%。图 10-9 示出了平面结构太阳电池与两种不同密度纳米线太阳电池的 J-V 特性[11]。

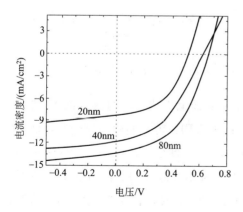

图 10-8　不同 i 层 a-Si：H 薄膜厚度
太阳电池的 J-V 特性

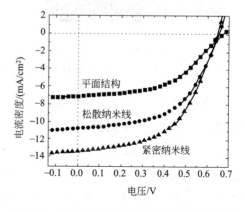

图 10-9　平面结构太阳电池与两种不同密度
纳米线太阳电池的 J-V 特性

10.3.3　大面积 Si 纳米线 pn 结太阳电池

由于采用电化学腐蚀、反应离子蚀刻以及表面织构方法能够制备有序大面积的 Si 纳米线阵列，因此可以实现大面积径向 pn 结太阳电池及其组件的制作，这对具有实际应用的 Si 纳米线太阳电池的开发有着十分重要的意义。作为一项尝试性的研究，Fang 等[12]制备了倾斜 Si 纳米线阵列太阳电池，在 1cm×1cm 的器件面积上获得了 11.37% 的转换效率，此值大于该小组先前在同样大小的器件面积上由垂直 Si 纳米线阵列获得的 9.31% 的最高转换效率。研究指出，该光伏器件性能的有效改善归因于以下两个方面：一是倾斜 Si 纳米线呈现出优于垂直 Si 纳米线的抗反射特性；二是太阳电池自身所具有良好的电接触性能，图 10-10（a）和（b）分别示出了该纳米线阵列的 SEM 照片与太阳电池的 J-V 特性。而 Li 等[13]则采用模板辅助的化学腐蚀方法，在面积为 2cm×2cm 的 Si 片上制备了具有周期排列的 Si 纳米线阵列，由此制备的大面积 pn 结太阳电池具有良好的光伏性能，其典型的光伏参数为：$J_{sc}=13.4\text{mA/cm}^2$，$V_{oc}=0.529\text{V}$，$FF=0.579$ 和 $\eta=4.10\%$。

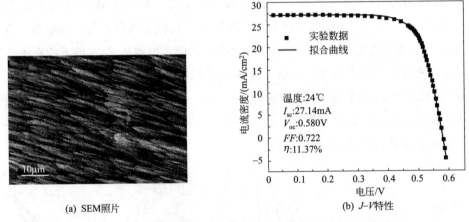

(a) SEM照片　　　　　　　　(b) J-V特性

图 10-10　倾斜 Si 纳米线阵列的 SEM 照片和太阳电池的 J-V 特性

Chen 等[14]采用化学蚀刻方法，在单晶 Si 表面上形成了垂直排列的 Si 纳米线阵列，并以此制作了面积为 12.5cm×12.5cm 的太阳电池。实验结果表明，该太阳电池在 AM1.5 光照条件下的转换效率高达 16.5%，此值比由金字塔阵列织构的单晶 Si 太阳电池提高了 35.4%。无疑，这是由于 Si 纳米线阵列织构的单晶 Si 表面具有超低的光反射率特性。例如，当化学蚀刻时间为 4h 时，在 300~1000nm 的波长范围内，其反射率低于 2%。其后，Lin 等[15]采用金属辅助化学蚀刻方法在金字塔形织构的单晶 Si 表面上制备了 Si 纳米线阵列，同样制作了面积为 12.5cm×

12.5cm 的太阳电池，在 AM1.5 光照条件下获得了 17.1% 的转换效率，图 10-11（a）和（b）分别示出了化学腐蚀 400s 后 Si 表面纳米线阵列的 SEM 照片与太阳电池的 $I-V$ 特性。进一步的研究指出，高转换效率的获得源自于 Si 纳米线表面上 SiO_2/SiN_x 钝化层的沉积，因为它可以减少体内复合和近表面俄歇复合，使 Si 纳米线呈现出超好的陷光特性。

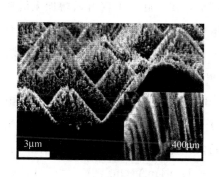

(a) SEM照片

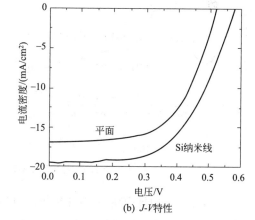

(b) $I-V$特性

图 10-11　金字塔结构 c-Si 表面上 Si 纳米线的 SEM 照片和太阳电池的 $I-V$ 特性

更进一步，Garnett 等[16]采用反应离子蚀刻技术形成了大面积的具有均匀周期排列的 Si 纳米线阵列，并以此制作了面积为 16cm×16cm 的 pn 结太阳电池。研究证实，当 Si 吸收层厚度分别为 8μm 和 20μm 时，太阳电池获得了 4.83% 和 5.30% 的转换效率。如果进一步优化工艺条件，以获得具有预期纳米线直径、长度和形状，并进一步减少表面复合以达到更好的陷光效果，其转换效率还将进一步得到提高。图 10-12(a) 和 （b）分别示出了由深反应离子蚀刻获得的 Si 纳米线阵列的 SEM 照片和 Si 吸收层厚为 20μm 时太阳电池的 $J-V$ 特性。

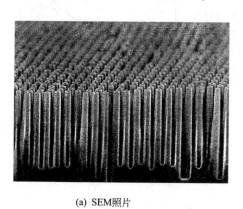

(a) SEM照片

(b) $J-V$特性

图 10-12　深反应离子蚀刻制备的 Si 纳米线阵列的 SEM 照片和太阳电池的 $J-V$ 特性

10.3.4　Si 纳米线/聚合物混合太阳电池

聚合物太阳电池因其具有工艺简单和成本低廉，并易于实现柔性大面积光伏器件的制作等优势，已经引起了人们的广泛重视。但它的主要不足是聚合物中的载流子迁移率较低，而且多数聚合物材料的光吸收波长与太阳光谱不匹配，因此转换效率还相对较低。如果将无机纳米线与有机聚合物结合在一起，不仅可以增加无机物与有机物之间的界面面积，而且还可以增加光生载流子的快速分离与输运，因此有利于改善其光伏性能。而在各种纳米线中，由于 Si 纳米线能够有效地吸收红外线，因此由 Si 纳米线与各种聚合物构成的太阳电池更为人们所关注。

Huang 等[17]制作了 Si 纳米线/P3HT：PCBM 混合太阳电池。由于该太阳电池增强了光吸收，改善了载流子收集效率和减少了串联电阻，因此与没有 Si 纳米线的 P3HT：PCBM 聚合物太阳电池相比，其光伏性能得到大幅度改善。例如，在 AM1.5 光照条件下，前者的光伏参数为 $J_{sc}=11.61\text{mA/cm}^2$、$V_{oc}=0.425\text{V}$、$FF=0.39$ 和 $\eta=1.93\%$；而后者的光伏参数则为 $J_{sc}=7.17\text{mA/cm}^2$、$V_{oc}=0.414\text{V}$、$FF=0.407$ 和 $\eta=1.21\%$。图 10-13(a) 和 （b）分别示出了这两种太阳电池的光吸收谱和 $J\text{-}V$ 特性。可以看出，上述的转换效率还是相对较低的，这可能是由于该电池的开路电压较低的缘故。Eisenhawer 等[18]做了进一步的工艺改进，他们将 Si 纳米线混合到 P3HT：[60] PCBM 聚合物中去，以此增加电子输运特性，从而使光伏性能得到有效改善。对于具有中等掺杂浓度的样品获得了 4.16% 的转换效率，对于具有重掺杂的样品，其转换效率达到了 4.13%。

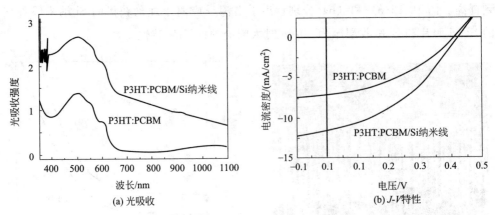

图 10-13　含有及不含 Si 纳米线的 P3HT：PCBM 太阳电池的光吸收与 $J\text{-}V$ 特性

近几年，人们集中研究了 Si 纳米线/PEDOT：PSS 混合太阳电池的光伏性能。他们各自采用不同的器件结构，都获得了令人感兴趣的研究结果。Ozdemir 等[19]将 PE-

DOT：PSS 聚合物弥散在 Si 纳米线阵列中，并制作了 Si 纳米线/PEDOT：PSS 径向异质结太阳电池。研究指出，Si 纳米线长度直接影响着其光伏性能，即随着 Si 纳米线长度变短，其转换效率增加。当纳米线长度为 $88\mu m$ 时，其转换效率达到了 5.3%。而 He 等[20]采用旋涂法制作了 Si 纳米线/PEDOT：PSS 混合太阳电池。结果同样发现，随着 Si 纳米线长度的减小，其转换效率增加。例如，当 Si 纳米线长度为 $1.5\mu m$ 时，其转换效率为 3.4%；而当 Si 纳米线长度为 $0.3\mu m$ 时，其转换效率可高达 5.6%。Moiz 等[21]则采用压印技术制作了 Si 纳米线/PEDOT：PSS 混合太阳电池，并研究了其在 AM1.5 光照条件下的光伏性能。实验证实，这种混合异质结太阳电池的光伏参数分别为 $J_{sc}=9.38mA/cm^2$、$V_{oc}=0.43V$、$FF=0.45$ 和 $\eta=1.82\%$；而常规的（体混合）异质结太阳电池的光伏参数为 $J_{sc}=3.9mA/cm^2$、$V_{oc}=0.35V$、$FF=0.32$ 和 $\eta=0.44\%$。两者的 J-V 特性比较如图 10-14 所示。Lu 等[22]制作了由 PEDOT：PSS 包封 Si 纳米线的混合太阳电池，其轴向 pn 结太阳电池转换效率仅有 0.35%，而径向 pn 结太阳电池的转换效率则达到 4.4%，其 J-V 特性如图 10-15 所示。

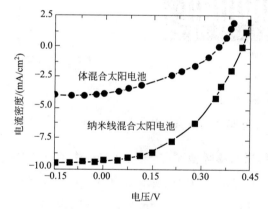

图 10-14　纳米线混合与体混合太阳电池 J-V 特性的比较

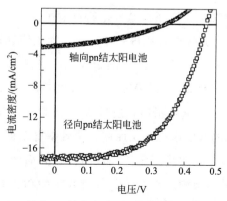

图 10-15　轴向 pn 结与径向 pn 结太阳电池的 J-V 特性

10.3.5　Si 纳米线/肖特基结太阳电池

　　Si 纳米线肖特基结太阳电池的早期研究，是由 Kim 等[23]将 Si 纳米线沉积在两种不同金属（Pt 和 Al）表面而制作的肖特基结太阳电池。但是，其光伏性能较差，仅获得了 91.91nA 的光生电流。后来，人们将石墨烯覆盖 Si 纳米线形成了石墨烯/Si 纳米线肖特基结，由于该结构能够有效地增强光俘获和载流子输运，因此使光伏性能得以明显改善[24]。例如，当对 Si 纳米线进行 Cl 掺杂之后，太阳电池获得了 $J_{sc} = 11.24mA/cm^2$、$V_{oc} = 0.503V$、$FF = 0.506$ 和 $\eta = 2.86\%$ 的光伏特性，图 10-16(a) 和 (b) 分别示出了该太阳电池的器件结构与 J-V 特性。

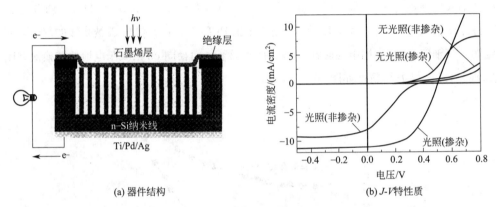

(a) 器件结构　　　　　　　　(b) J-V特性质

图 10-16　石墨烯/Si 纳米线肖特基结太阳电池的器件结构和 J-V 特性

　　Xie 等[25]采用单层石墨烯薄膜与 Si 纳米线构建了肖特基结太阳电池，发现通过对石墨烯进行适当的表面处理以改善其导电特性，其光伏性能可以显著提高，在 AM1.5 光照条件下获得了 $J_{sc} = 154.5mA/cm^2$、$V_{oc} = 0.19V$、$FF = 0.25$ 和 $\eta = 2.15\%$ 的光伏性能。其后，他们又构建了石墨烯纳米带/多 Si 纳米线肖特基结太阳电池，并研究了磷掺杂浓度对 Si 纳米线导电特性的影响[26]。结果指出，随着 Si 纳米线中磷掺杂浓度增加，其导电性能进一步提高，因此使其光伏性能得到进一步改善。例如，对于电导率为 2.1S/cm 的 Si 纳米线，肖特基结太阳电池获得的光伏参数为 $J_{sc} = 11.3mA/cm^2$、$V_{oc} = 0.59V$、$FF = 0.221$ 和 $\eta = 1.47\%$，图 10-17 示出了该太阳电池的 J-V 特性。研究指出，通过适当增加 Si 纳米线中的掺杂浓度，可以进一步增加太阳电池的开路电压，从而使转换效率得以提高。因为当掺杂浓度不同时，金属与 Si 纳米线之间的功函数不同，因而在界面产生的内建电势大小也不同。适当提高 Si 纳米线掺杂浓度，会使其具有较小的功函数，这将导致较高的肖特基势垒形成，它可使光生载流子在复合之前有效进行分离。与此同时，Zhang

等[27]采用金属辅助化学蚀刻方法制作了 PEDOT：PSS 聚合物/Si 纳米线混合肖特基结太阳电池。他们通过优化腐蚀时间等工艺条件以控制 Si 纳米线的长度和致密度，获得了高性能的太阳电池。当 Si 纳米线长度为 $2.1\mu m$ 时，获得的光伏参数为 $J_{sc}=30.7mA/cm^2$、$V_{oc}=0.497V$、$FF=0.48$ 和 $\eta=7.3\%$，其光伏性能的改善明显可见，图 10-18 示出了不同长度 Si 纳米线肖特基太阳电池的 J-V 特性。

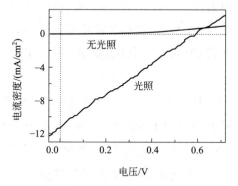

图 10-17 磷掺杂 Si 纳米线太阳电池 J-V 特性

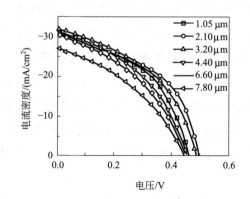

图 10-18 PEDOT：PSS 聚合物/Si 纳米线肖特基结太阳电池的 J-V 特性

10.4 ZnO 纳米线太阳电池

10.4.1 ZnO 纳米线混合异质结太阳电池

ZnO 是一种禁带宽度为 $3.2eV$ 的宽带隙半导体，这一禁带宽度值并不处于太阳光谱的最佳能量吸收范围。因此 ZnO 材料并不适宜作为光吸收有源区材料，一般是将其作为太阳电池的窗口层或染料敏化太阳电池的光阳极使用。所谓 ZnO 纳米线混合异质结太阳电池是指由 ZnO 纳米线与某些聚合物、石墨烯或量子点等材料构成的有机/无机混合光伏器件。2005 年，Claude 等[28]率先采用 CdSe 敏化的 p-CuSCN 层与 n-ZnO 纳米线构成了异质结太阳电池，由于 CdSe 具有 1.7eV 的禁带宽度，有利于光生电子向 p 层和 n 层中进行转移，故获得了 2.3％的转换效率。其后，Leschkies 等[29]将胶体 PbSe 量子点弥散在 ZnO 纳米线阵列中制作了混合太阳电池，在 AM1.5 光照条件下获得了 2％的转换效率。研究指出，PbSe 量子点的引入增加了 PbSe 量子点与 ZnO 纳米线的界面面积，这有利于激子的解离和电子从 PbSe 量子点到 ZnO 纳米线的传输，同时也提供了电子向 ITO 电极直接输运和收集的通道。

　　将有机聚合物与 ZnO 纳米线结合在一起所构成的混合异质结太阳电池，是近年人们的一个主要研究侧面。Kevin 等[30]制作了由聚合物包封的多结垂直 ZnO 纳米线太阳电池，由于该太阳电池有效增加了光吸收和光俘获，故使其转换效率大大提高。例如，对于仅由 ZnO 纳米晶粒薄膜为有源区制作的太阳电池，所获得的光伏参数为 $J_{sc}=5.26\mathrm{mA/cm^2}$、$V_{oc}=0.54\mathrm{V}$、$FF=0.617$ 和 $\eta=1.76％$。对于仅由 ZnO 纳米阵列作为有源区制作的太阳电池，其光伏性能为 $J_{sc}=3.37\mathrm{mA/cm^2}$、$V_{oc}=0.58\mathrm{V}$、$FF=0.266$ 和 $\eta=0.35％$。而多结 ZnO 纳米线太阳电池则获得了显著优于上述二者的光伏性能，其光伏参数为 $J_{sc}=11.87\mathrm{mA/cm^2}$、$V_{oc}=0.58\mathrm{V}$、$FF=0.521$ 和 $\eta=3.60％$。图 10-19 示出了三种太阳电池的 $J\text{-}V$ 特性。Liu 等[31]则采用 ZnO 纳米线/Sb_2S_3/P3HT 结构制作了有机/无机混合太阳电池，获得了 2.9％的转换效率。由于这种器件结构有效增加了光吸收和减小了体内载流子复合，使得光伏性能得以明显改善，图 10-20 示出了该太阳电池的 $J\text{-}V$ 特性。

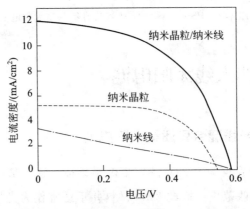

图 10-19　三种太阳电池的 $J\text{-}V$ 特性

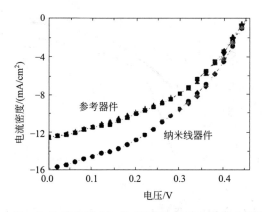

图 10-20　ZnO 纳米线/Sb_2S_3/P3HT 太阳电池的 J-V 特性

与此同时，Park 等[32]在石墨烯表面上生长了垂直排列的 ZnO 纳米线，并以 PEDOT：PEG 作为界面层和以 PbS 量子点作为空穴输运层构建了混合太阳电池，在 AM1.5 光照条件下获得了 4.2％的转换效率。研究证实，这种混合结构太阳电池的主要光伏优势在于，采用导电聚合物和 ZnO 纳米线的优化调整了石墨烯的表面，从而有效改善了其导电特性与光吸收特性。图 10-21 示出了该太阳电池的 J-V 特性。更进一步，Nadarajah 等[33]制作了 ZnO 纳米线/CdSe 量子点/P3HT 聚合物混合太阳电池，在 85mW/cm^2 的光照条件下获得了 3.4％的最好转换效率（图 10-22），这是由于 CdSe 量子点的引入有效调整了聚合物的表面特性，无疑这对光伏性能的改善是极为有利的。

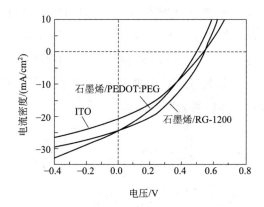

图 10-21　ZnO 纳米线/PEDOT：PEG/PbS 太阳电池的 J-V 特性

10.4.2　ZnO 纳米线染料敏化太阳电池

染料敏化太阳电池是一种光电化学太阳电池，而 ZnO 纳米线染料敏化太阳电

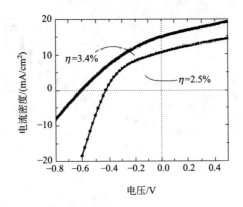

图 10-22 ZnO 纳米线/CdS 量子点/P3HT 聚合物太阳电池的 J-V 特性

池则是以 ZnO 纳米线作为光阳极制作的光电化学太阳电池。Qiu 等[34]制作了垂直阵列 ZnO 纳米线染料敏化太阳电池，并研究了纳米线长度对太阳电池光伏性能的影响。结果指出，随着 ZnO 纳米线长度的增加，其转换效率随之增加。例如，当 ZnO 纳米线长度分别为 $10\mu m$、$20\mu m$、$30\mu m$ 和 $40\mu m$ 时，其转换效率分别为 0.73％、0.97％、1.13％和 1.31％。这种效率的改善归因于以下两个方面：一是较长的纳米线阵列增加了光阳极的总表面面积，从而提高了敏化染料的填充能力；二是纳米线之间的多次光散射效应增强了纳米线之间的光程，因而十分有利于光的吸收。图 10-23 示出了该太阳电池的 J-V 特性。而 Yodyingyong 等[35]则采用 ZnO 纳米晶粒或 ZnO 纳米线阵列共同作为光阳极制作了染料敏化太阳电池（图 10-24）。研究证实，与单独采用 ZnO 纳米晶粒或 ZnO 纳米线作为光阳极相比，混合光阳极染料敏化太阳电池可以获得更高的转换效率。例如，当采用 ZnO 纳米晶粒作为光阳极时，太阳电池获得了 1.58％的转换效率；当采用 ZnO 纳米线作为光阳极时，太阳电池获得了 1.31％的转换效率；而采用 ZnO 纳米线和 ZnO 纳米晶粒共同作为光阳极时，太阳电池获得的转换效率可高达 4.2％。

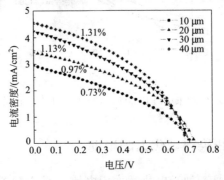

图 10-23 垂直 ZnO 纳米线染料敏化电池的 J-V 特性

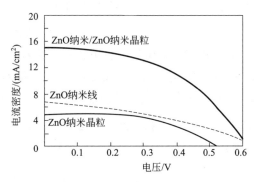

图 10-24 ZnO 纳米线/ZnO 纳米晶粒染料敏化太阳电池的 *J-V* 特性

由平面波导和 ZnO 纳米线集成的三维染料敏化太阳电池已由 Wei 等[36]进行了尝试研究。由于三维结构更能有效增加光的吸收面积,因而大大提高了太阳电池的转换效率。与二维平面照射的情形相比,三维空间照射下太阳电池的转换率增加了5.8 倍,其转换效率值为 2.4%。而以具有履带式结构的多层 ZnO 纳米线阵列作为光阳极的染料敏化太阳电池,由于有效增加了 ZnO 纳米线阵列的表面积,导致了太阳电池短路电流密度的增加,故使光伏性能得到明显改善。而且,随着 ZnO纳米线阵列层数的增加,其转换效率也将相应增加[37]。例如,当 ZnO 纳米线阵列层数分别为 2、3、4 和 5 层时,其转换效率分别为 3.43%、4.14%、4.67% 和5.20%。图 10-25(a) 和 (b) 分别示出了 ZnO 纳米线三维阵列结构的 SEM 照片与太阳电池的 *J-V* 特性。

(a) SEM照片

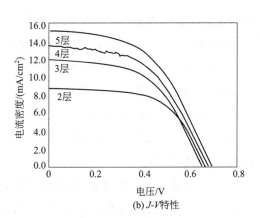

(b) *J-V*特性

图 10-25 ZnO 纳米线三维阵列结构的 SEM 照片与太阳电池的 *J-V* 特性

固态染料敏化太阳电池是染料敏化太阳电池的一个主要发展方向,因为固态电解质克服了液态电解质的泄漏问题,故能有效改善染料敏化太阳电池的可靠性与稳定性。Desai 等[38]以有序的 ZnO 纳米线作为光阳极和以 CuSCN 作为固态电解质制作了染料敏化太阳电池，在 AM1.5 光照条件下获得了 $J_{sc}=8mA/cm^2$ 和 $\eta=1.7\%$ 的光伏性能。而 Xu 等[39]以 TiO_2 包封的 ZnO 纳米线阵列作为光阳极制作了固态染料敏化太阳电池，并实验研究了单步和多步填充固态空穴传输材料对太阳电池性能的影响。结果表明，当采用单步填充时，其光伏性能参数为 $J_{sc}=15.75mA/cm^2$、$V_{oc}=0.702V$、$FF=0.511$ 和 $\eta=4.21\%$。而采用多步填充时，太阳电池的光伏性能待到进一步改善，获得的光伏参数为 $J_{sc}=12.2mA/cm^2$、$V_{oc}=0.788V$、$FF=0.587$ 和 $\eta=5.65\%$。

10.5　TiO_2纳米线染料敏化太阳电池

10.5.1　有序单晶 TiO_2纳米线染料敏化太阳电池

作为染料敏化太阳电池的光阳极，应首推 TiO_2 纳米材料与结构。世界上首例高效率染料敏化太阳电池，就是采用多孔 TiO_2 纳米结构作为光阳极实现的。除了 TiO_2 纳米薄膜、TiO_2 纳米晶粒以及各种 TiO_2 纳米复合膜层之外，TiO_2 纳米线也在染料敏化太阳电池中得到了广泛应用。

2008 年，Feng 等[40]以垂直排列 TiO_2 纳米线阵列为光阳极和以 N719 为染料构建了染料敏化太阳电池，发现当纳米线长度为 $2\sim3\mu m$ 时，获得了 $J_{sc}=10.84mA/cm^2$、$V_{oc}=0.744V$、$FF=0.62$ 和 $\eta=5.02\%$ 的光伏性能，其 J-V 特性和转换效率曲线如图 10-26 所示。而 Tetreault 等[41]采用自组织纤维状三维网络单晶 TiO_2 纳米线作为光阳极，制作了高效率固态染料敏化太阳电池。由于快速的载流子输运特性，如短的输运时间、长的载流子寿命以及高的电导率等，使太阳电池获得了优异的光伏性能。对于直接生长的样品（①）、经 $TiCl_4$ 处理的样品（②）、以原子层沉积处理的电极（③）以及 $TiCl_4$ 处理的纳米晶粒（④）四种太阳电池，在 AM1.5 光照条件下均获得了 1.5%、3.9%、4.9%和5.4%的转换效率，其 J-V 特性如图 10-27 所示。

TiO_2 纳米线长度对染料敏化太阳电池的光伏性能有着直接影响，Zhou 等[42]研究了具有不同长度的高度有序 TiO_2 纳米线长度对以 N719 为染料的太阳电池光伏性能的影响。实验发现，随着 TiO_2 纳米线长度的增加，其转换效率增加。例如，当 TiO_2 纳米线长度依次为 $1\mu m$、$2\mu m$、$4\mu m$、$6\mu m$ 和 $8\mu m$ 长时，其转换效率则分别为 0.75%、1.99%、1.42%、1.75%和 1.70%，其 J-V 特性如图 10-28 所示。最近，Jiang 等[43]通过对 TiO_2 纳米线阵列的硅烷化使其形成均匀的多硅氧烷网络

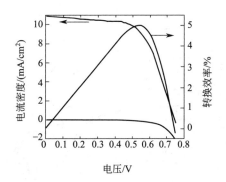

图 10-26　垂直排列 TiO_2 纳米线染料敏化太阳电池的 J-V 特性

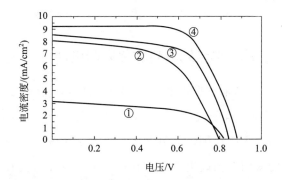

图 10-27　自组织纤维状单晶 TiO_2 纳米线染料敏化太阳电池的 J-V 特性

结构，进而有效地抑制了界面复合，致使太阳电池光伏性能得以明显改善。对 TiO_2 纳米线进行 $0 \sim 5$ 个周期的硅烷化处理，其 J-V 特性如图 10-29 所示。由该图可以看出，进行 3 个周期的硅烷化处理后，太阳电池的光伏特性为 $J_{sc} = 2.224 \text{mA/cm}^2$、$V_{oc} = 0.19 \text{V}$、$FF = 0.263$ 和 $\eta = 0.011\%$。

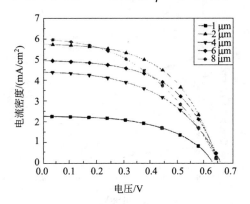

图 10-28　高度有序 TiO_2 纳米线染料敏化太阳电池的 J-V 特性

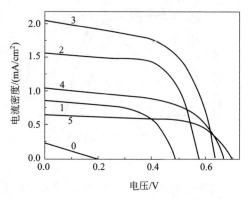

图 10-29　硅烷化 TiO_2 纳米线染料敏化太阳电池的 J-V 特性

（图中数字为硅烷化处理所经历的周期数）

10.5.2　复合结构 TiO_2 纳米线染料敏化太阳电池

所谓复合结构 TiO_2 纳米线是指由 TiO_2 纳米线与其他材料复合而形成的包封结构、敏化结构或核-壳结构等复合膜层。Lee 等[44]采用由 CdS 纳米棒包封的 TiO_2 纳米线作为光阳极制作了染料敏化太阳电池，获得了比没有 CdS 纳米棒包封 TiO_2 纳米线作为光阳极的太阳电池高出 7 倍的转换效率。这主要是由于当 TiO_2 纳米线由 CdS 纳米棒覆盖后，其光吸收的量子效率大大增加，尤其是在$400\sim500$nm 波长范围达到了 16.4%，此值高于单晶 TiO_2 纳米线的 2%。图 10-30 示出了该太阳电池的 J-V 特性。而 Li 等[45]则采用由 CdS/CdSe 共敏化的单晶 TiO_2 纳米线阵列制作了染料敏化太阳电池。当器件面积为 $0.25cm^2$ 时，AM1.5 光照条件下的光伏参数为 $J_{sc}=7.92mA/cm^2$、$V_{oc}=0.40V$、$FF=0.38$ 和 $\eta=1.14\%$，其 J-V 特性如图 10-31 所示。

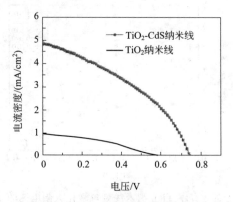

图 10-30　CdS 纳米棒覆盖 TiO_2 纳米线太阳电池的 J-V 特性

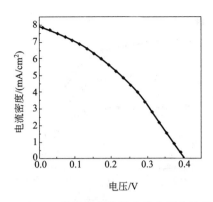

图 10-31　CdS/CdSe 共敏化单晶纳米线太阳电池的 J-V 特性

　　通过增强太阳电池的表面光散射效应，可以有效改善其光伏性能。为此，Wei 等[46]采用 TiO_2 纳米线/TiO_2 纳米线阵列双层光阳极制作了染料敏化太阳电池。随着 TiO_2 纳米晶粒薄膜的增加，由于光散射作用的增强，即光吸收能力的增加，其短路电流密度进一步增大。例如，当 TiO_2 纳米晶粒薄膜厚度分别为 $5\mu m$ 和 $14\mu m$ 时，其短路电流密度分别为 $8.89 mA/cm^2$ 和 $16.05 mA/cm^2$，转换效率分别为 3.79％和 6.01％。图 10-32 示出了具有不同薄膜厚度光阳极太阳电池的 J-V 特性。TiO_2 纳米线光阳极结构的改善，为染料敏化太阳电池的提高奠定了重要技术基础。Zha 等[47]采用双面构型的 TiO_2 纳米晶粒/TiO_2 纳米线结构作为光电极制作了染料敏化太阳电池，并研究了双面构型 TiO_2 纳米结构的自组织合成时间对其光伏特性的影响。结果证实，随着合成时间的持续增加，其光伏能进一步改善。例如，当合成反应时间分别为 4h、6h 和 8h 时，其转换效率分别为 2.89％、4.12％和 5.61％，图 10-33 示出了该太阳电池的 J-V 特性。

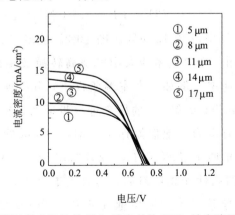

图 10-32　具有不同薄膜厚度光阳极的 TiO_2 纳米晶粒/TiO_2 纳米阵列太阳电池的 J-V 特性

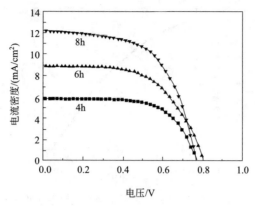

图 10-33　双面构型 TiO$_2$ 纳米结构

染料敏化太阳电池的 J-V 特性

10.6　InP 纳米线太阳电池

InP 是一种ⅢA-ⅤA 族化合物半导体，具有直接带隙性质，其禁带宽度为 1.34eV。选择 InP 纳米线制作太阳电池，主要基于以下两方面的考虑：一是 1.34eV 的禁带宽度为比较理想的吸收光波长；二是 InP 纳米线既可以采用 MOCVD 方法生长，也可以采用原位化学蚀刻制备，因而工艺比较灵活。Goto 等[48]采用核-壳 InP 纳米线结构制作了太阳电池，在 AM1.5 光照条件下获得了 $J_{sc}=13.72\text{mA/cm}^2$、$V_{oc}=0.43\text{V}$、$FF=0.57$ 和 $\eta=3.37\%$ 的光伏性能。图 10-34 示出了该太阳电池的 J-V 特性。其后，Cui 等[49]采用具有清洁表面的 InP 纳米线阵列制作了轴向 pn 结太阳电池，在 1sun 照射条件下获得的光伏参数为 $J_{sc}=21\text{mA/cm}^2$、$V_{oc}=0.73\text{V}$、$FF=0.73$ 和 $\eta=1.11\%$。而在 20sun 的照射条件下，其转换效率可达 13.8%。图 10-35 示出了该太阳电池的 J-V 特性。进一步的研究指出，InP 纳米线太阳电池高转换效率的获得起因于它所具有的超低的表面复合速率。例如，在室温条件下，InP 纳米线的表面复合速率可达 170cm/s[50]。Wallentin 等[51]的研究进一步证实，InP 纳米线在制作高效率太阳电池方面颇具有潜力。他们制作了 1mm×1mm 的大面积 InP 纳米线太阳电池，在 AM1.5 光照下获得了 $J_{sc}=24.6\text{mA/cm}^2$，$V_{oc}=0.779\text{V}$、$FF=0.724$ 和 $\eta=13.8\%$ 的高性能光伏参数，这是由于直径为 180nm 的 InP 纳米线的共振光散射作用，导致了该太阳电池在 400～900nm 波长范围有高达 80% 的外量子效率。

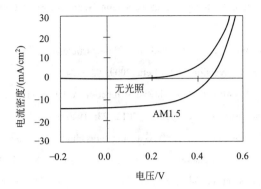

图 10-34　核-壳 InP 纳米线太阳电池

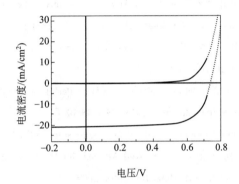

图 10-35　大面积 InP 纳米线太阳电池的 J-V 特性

参考文献

［1］　彭英才, 于威, 等编著. 纳米太阳电池技术. 北京: 化学工业出版社, 2010.

［2］　彭英才, 傅广生. 新概念太阳电池. 北京: 科学出版社, 2014.

［3］　Sivakov X, Andra G, Gawlik A, et al. Silicon Nanowire-Based Solar Cells on Glass: Synthesis, Optical Properties, and Cell Parameters. Nano Lett, 2009, 9: 1549.

［4］　Gunawan O, Cuha S. Characteristics of Vapor-Liquid-Solid Grown Silicon Nanowire Solar Cells. Sol Energy Mater Sol Cells, 2009, 93: 1388.

［5］　Srivastava S K, Kumar D, Singh P K, et al. Excellent Antireflection Properties of Vertical Silicon Nanowire Arrays.

［6］　Li H, Jia R, Chen C, et al. Influence of Nanowires Length on Performance of Crystalline Silicon Solar Cells. Appl Phys Lett, 2011, 98: 15116.

［7］　Wang X, Pey K L, Yip C H, et al. Vertical Arrayed Si Nanowire/Nanorod-Based Core-Shell p-n Junction Solar Cells. J Appl Phys, 2010, 108: 124303.

［8］ Tsakakakovs L, Balch J, Fronheiser J, et al. Silicon Nanowire Solar Cells. Appl Phys Lett, 2007, 91: 2331117.

［9］ Pcng K Q, Wang X, Wu X L, et al. Platinum Nanoparticle Decorated Silicon Nanowires for Efficient Solar Energy Conversion. Nano Lett, 2009, 9: 3704.

［10］ Yu L, O' Donnell B, Foldyna M, et al. Radial Junction Amorphous Silicon Solar Cells on PECVD Grown Silicon Nanowires. Nanotechnology, 2012, 23: 194011.

［11］ Yu L, Rigutti L, Tchernycheva T, et al. Assessing Individual Radial Junction Solar Cells Over Millions on VLS-Grown Silicon Nanowires. Nanotechnology, 2013, 24: 275401.

［12］ Fang H, Li X, Song S, et al. Fabrication of Slantingly-Aligned Silicon Nanowire Arrays for Solar Cell Applications. Nanotechnology, 2008, 19: 255703.

［13］ Li X, Liang K, Tay B K et al. Morphology-Tunable Assembly of Periodically Aligned Si Nanowire and Radial p-n Junction Arrays for Solar Cell Applications. Appl Sur Sci, 2012, 258: 6169.

［14］ Chen C, Jia R, Yue H, et al. Silicon Nanowire Array Textured Solar Cells for Photovoltaic Application. J Appl Phys, 2010, 108: 094318.

［15］ Lin X X, Hua X, Hang Z G, et al. Realization of High Performance Silicon Nanowire Based Solar Cells with Large Size. Nanotechnology, 2013, 24; 235402.

［16］ Garnett E, Yang P. Light Trapping in Silicon Nanowire Solar Cells. Nano. Lett. , 2010, 10: 1082.

［17］ Huang J S, Hsiao C H, Syu S J, et al. Well-Aligned Single-Crystalline Silicon Nanowire Hybrid Solar Cells on Glass. Sol Energy Mater Sol Cells, 2009, 93: 621.

［18］ Eisenhawer B, Sensfuss S, Sivakov V, et al. Increasing the Efficiency of Polymer Solar Cells by Silicon Nanowires. Nanotechnology, 2011, 22: 315401.

［19］ Ozdemir B, Kulakci M, Turan R, et al. Silicon Nanowire-Poly (3, 4-Ethylenedioxythiophene) - Poly (Styrenesulfonate) Heterojunction Solar Cells. Appl Phys Lett, 2011, 99: 113510.

［20］ He L, Jiang C Wang H, et al. Effects of Nanowire Texturing on the Performance of Si/Organic Hybrid Solar Cells Fabricated with a 2. 2μm Thin-Film Si Absorber. Appl Phys Lett, 2012, 100: 103104.

［21］ Moiz S A, Nahhas A M, Um H D, et al. A Stamped PEDOT: PSS-Silicon Nanowire Hybrid Solar Cell. Nanotechnology, 2012, 23: 145-401.

［22］ Lu W, Chen Q, Wang B, et al. Structure Dependence in Hybrid Si Nanowire/Poly (3, 4-Ethylenedioxythiophene) : Poly (Styrenesulfonate) Solar Cells: Understanding Photovoltaic Conversion in Nanowire Radial Junctions. Appl Phys Lett, 2012, 100: 023112.

［23］ Kim J, Yun J H, Han C S, et al. Multiple Silicon Nanowire-Embedded Schottky Solar Cell. Appl Phys Lett, 2009, 95: 143112.

［24］ Fan G, Zhu H, Wang K, et al. Graphene/Silicon Nanowire Schottky Junction for Enhanced Light Harvesting. Appl Mater Interfaces, 2011, 3: 721.

［25］ Xie C, Lv P, Nie B, et al. Monolayer Graphene Film/Silicon Nanowire Array Schottky Junction Solar Cells. Appl Phys Lett, 2011, 99: 133113.

［26］ Xie C, Jie J, Nie B, et al. Schottky Solar Cells Based on Graphene Nanoribbon/Multiple Silicon Nanowires Junctions. Appl Phys Lett, 2012, 100: 193103.

［27］ Zhang F, Song T, Sun B. Conjugated Polymer-Silicon Nanowire Array Hybrid Schottky Diode for Solar Cell Application. Nanotechnology, 2012, 23: 194006.

［28］ Claude L C, Ramon T Z, Margaret A R, et al. CdSe-Sensitized p-CuSCN/Nanowire n-ZnO Hetero-junctions. Adv Mater, 2005, 17: 1512.

［29］ Leschkies K S, Jacobs A G, Norris D J, et al. Nanowire-Quantum-Dot Solar Cells and the Influence of Nanowire Length on the Charge Collection Efficiency. Appl Phys Lett, 2009, 95: 193103.

［30］ Kevin M, Fou Y H, Wong A S W, et al. A Novel Maskless Approach Towards Aligned, Density Modulated and Multi-Junction ZnO Nanowires for Enhanced Surface Area and Light-Trapping Solar Cells. Nanotechnology, 2010, 21: 315602.

［31］ Liu C P, Chen Z H, Wang H E, et al. Enhanced Performance by Incorporation of Zinc Oxide Nanowire Array for Organic-Inorganic Hybrid Solar Cells. Appl Phys Lett, 2012, 100: 243102.

［32］ Park H, Chang S, Tean J, et al. Graphene Cathode-Based ZnO Nanowire Hybrid Solar Cells. Nano Lett, 2012, 13: 233.

［33］ Nadarajah A, Smith T, Könenkamp R. Improved Performance of Nanowire-Quantum-Dot-Polymer Solar Cells by Chemical Treatment of the Quantum Dot with Ligand and Solvent Materials. Nanotechnology, 2013 23: 485403.

［34］ Qiu J, Li X, Zhuge F, et al. Solution-Derived 40μm Vertically Aligned ZnO Nanowire-Arrays as Photoelectrodes in Dye-Sensitized Solar Cells. Nanotechnology, 2012, 21; 195602.

［35］ Yodyingyong S, Zhang Q, Park K, et al. ZnO Nanoparticles and Nanowire Array Hybrid Photoan-odes for Nanoparticles and Nanowire Array Hybrid Photoanodes for Dye-Sensitized Solar Cells. Appl Phys Lett, 2010, 96: 073115.

［36］ Wei y, Xu C, Xu S, et al. Planar Waveguide-Nanowire Integrated Three-Dimensional Dye-Sensitized Solar Cells. Nano Lett, 2010, 10: 2092.

［37］ McCune M, Zhang W, Deng Y. High Efficiency Dye-Sensitized Solar Cells Based on Three-Di-mensional Multilayered ZnO Nanowire Array "Caterpillar-Like" Structure. Nano Lett, 2012, 12: 3656.

［38］ Desai U V, Xu C, Wu J, et al. Solid-State Dye-Sensitized Solar Cells Based on Ordered ZnO Nanowire Arrays. Nanotechnology, 2012, 23: 205401.

［39］ Xu C, Wu J, Desai U V, et al. High-Efficiency Solid-State Dye-Sensitized Solar Cells Based on TiO_2-Coated ZnO Nanowire Arrays. Nano Lett, 2012, 12: 2420.

[40] Feng X, Shankar K, Varghese O K, et al. Vertically Aligned Single Crystal TiO$_2$ Nanowire Arrays Grown Directly on Transparent Conducting Oxide Coated Glass: Synthesis Details and Applications. Nano Lett, 2008, 8: 3781.

[41] Tetreault N, Horvath E, Moehl T, et al. High-Efficiency Solid-State Dye-Sensitized Solar Cells: Fast Charge Extraction Through Self-Assembled 3D Fibrous Network of Crystalline TiO$_2$ Nanowires. ACS Nano, 2010, 4: 7644.

[42] Zhou Z, Fan J, Wang X, et al. Effect of High Ordered Single-Crystalline TiO$_2$ Nanowire Length on the Photovoltaic Performance of Dye-Sensitized Solar Cells. Appl Mater Interfaces, 2011, 3: 4349.

[43] Jiang D, Hao Y, Shen R, et al. Effective Blockage of the Interfacial Recombination Process at TiO$_2$ Nanowire Array Electrodes in Dye-Sensitized Solar Cells. Appl Mater Interfaces, 2013, 5: 11906.

[44] Lee J C, Kim T G, Lee W, et al. Growth of CdS Nanorod-Coated TiO$_2$ Nanowires on Conductive Glass for Photovoltaic Applications. Crystal Growth and Design, 2009, 9: 4519.

[45] Li M, Liu Y, Wang H, et al. CdS/CdSe Cosensitized Oriented Single-Crystalline TiO$_2$ Nanowire Array for Solar Cell Application. J Appl Phys, 2010, 108: 094304.

[46] Wei A, Zuo Z, Liu J, et al. Transport and Interfacial Transfer of Electrons in Dye-Sensitized Solar Cells Based on a TiO$_2$ Nanoparticle/TiO$_2$ Nanowire "Double-Layer" Working Electrode. J Renewable Sustainable Energy, 2013, 5: 033101.

[47] Zha C, Shen L, Zhang X, et al. Double-Sided Brush-Shaped TiO$_2$ Nanostructure Assemblies with High Ordered Nanowires for Dye-Sensitized Solar Cells. Appl Phys Interfaces, 2013, 6: 122.

[48] Goto H, Nosaki K, Tomioka K, et al. Growth of Core-Shell InP Nanowires for Photovoltaic Application by Selective-Area Metal Organic Vapor Phase Epitaxy. Appl Phys Express, 2009, 2: 035004.

[49] Cui Y, Wang J, Plissard S R, et al. Efficiency Enhancement of InP Nanowire Solar Cells by Surface Cleaning. Nano Lett, 2013, 13: 4113.

[50] Joyce H J, Leung J W, Yong C K, et al. Ultralow Surface Recombination Velocity in InP Nanowires Probed by Terahertz Spectroscopy. Nano Lett, 2012, 12: 5325.

[51] Wallentin J, Anttu N, Asoli D, et al. InP Nanowire Array Solar Cells Achieving 13. 8% Efficiency by Exceeding the Ray Optics Limit. Science, 2013, 339: 1057.

中英文名词对照表

中文词汇	英文名称

A

| 暗电导 | dark conductance |
| 暗电流 | dark current |

B

表面钝化	surface passivation
表面复合	surface recombination
表面织构	surface texture
表面应变	surface strain
表面自由能	surface free energy
表面扩散	surface diffusion
背电极	back electrode
薄膜太阳电池	thin film solar cell
比表面积	specific surface area
布拉格反射	Bragg reflection
本征吸收	intrinsic absorption
布里渊区	Brillouin zone
病毒粒子传感器	virion sensor

C

超晶格	superlattice
超高真空化学气相沉积	ultra high vacuum chemical vapor deposition
超临界流体生长	supercritical fluid growth
垂直排列量子点	vertical arrangement quantum dot
传感器	sensor
传感器灵敏度	sensitivity of sensor
场发射	field emission
场发射增强因子	field emission enhanced factor

场发射阈值	field emission threshold
场效应晶体管	field effect transistor
磁控溅射	magnetic sputtering

D

单电子晶体管	single electron transistor
单电子输运	single electron transport
单带隙太阳电池	single bandgap solar cell
单晶 Si 太阳电池	crystal silicon solar cell
单壁碳纳米管	single walled carbon nano-tube
等离子体化学气相沉积	plasma enhanced chemical vapor deposition
等离子体直接氧化反应	plasma direct oxidation reaction
短路电流密度	short circuit density
电子-空穴对	electron-hole pair
电流-电压特性	current-voltage characteristics
电解质	electrolyte
电子束蒸发	electron beam evaporation
电致发光	electroluminescence
电离杂质散射	ionized impurity scattering
低维结构	low dimensional structure
低功耗	low power loss
低成本	low cost
对电极	counter electrode
第一性原理计算	first-principle calculation
导带极小值	conduction band minimum
短向道效应	short channel effect
带-带隧穿	band-band tunneling

E

俄歇复合	Auger recombination
二维量子限制效应	two dimensional quantum confinement effect

F

发光二极管	light emitting diode
非辐射复合	non radiated recombination

非平衡载流子	non equilibrium carrier
费米能级	fermi energy level
分子束外延	molecular beam epitaxy
辐射复合	radiated recombination
辐射强度	radiated indensity
反射率	reflectance
负微分电阻	negative differential resistance
非晶态	amorphous

G

光发射	light emission
光吸收	light absorption
光散射	light scattering
光俘获	light traps
光反射	light reflex
光敏化	photosensibilization
光通量	light flux
光阳极	photoanode
光电导	photoconduction
光电流	photocurrent
光注入	photoinjection
光电子学	photoelectronics
光电压	photovoltage
光谱响应	spectrum response
光生载流子	photo-generated carrier
光探测器	photodetector
光伏器件	photovoltaic device
光生伏特效应	photovoltaic effect
光子晶体太阳电池	photonic crystal solar cell
光电流转换效率	photocurrent conversion efficiency
光致发光	photoluminescence
高分辨率透射电子显微镜	high resolution transmission electron microscopy
固-液-固生长	solid-liquid-solid growth
给体	donor

功率转换效率	power conversion efficiency
过饱和	supersaturation
共晶温度	eutectic temperature
功函数	work function

H

化学气相沉积	chemical vapor deposition
化学自组装生长	chemical self-growth
化学势	chemical potential
化学传感器	chemical sensor
红外光	infrared light
合金液滴	alloy droplet
耗尽层	depletion layer

J

晶格常数	lattice constant
晶格匹配	lattice match
晶格失配	lattice mismatch
晶粒间界	grain boundaries
金属-半导体接触	metal-semiconductor contact
金属有机化学气相沉积	metal organic chemical vapor deposition
界面态	interface state
界面能	interface energy
胶体化学	colloidal chemical
聚合物太阳电池	polymer solar cell
激活能	active energy
激光烧蚀沉积	laser ablative deposition
激光二极管	laser diode
间接带隙	indicate band gap
价带极大值	valence band maximum
简并半导体	degenerate semiconductor
介电常数	dielectric constant

K

开路电压	open circuit voltage
扩散长度	diffusion length

扩散系数	diffusion coefficient
快速热化学气相沉积	rapidly thermal chemical vapor deposition
可见光	visible light
抗反射	anti-reflection
库仑阻塞	coulomb blockage
库仑散射	coulomb scattering
跨导	transconductance

L

量子点	quantum dot
量子点激光器	quantum dot laser
量子效率	quantum efficiency
量子化能级	quantum energy level
蓝紫光	blueish violet light

N

纳米结构	nanostructure
纳米薄膜	nanometer film
纳米线	nano-wire
纳米棒	nano-rod
纳米管	nano-tube
纳米晶粒	nano-crystallite
能带结构	energy band structure
能量转换效率	energy conversion efficiency
能量阈值	energy threshold
能量损失	energy loss
能量上转换	energy up-conversion
能量下转换	energy down-conversion
能量选择接触	energy selective contact
内量子效率	internal quantum efficiency

P

pn 结	p-n junction
谱峰半宽	full width at half maximum

Q

气-固生长	vapor solid growth

气-液-固生长 vapor-liquid-solid growth

器件有源区 device active region

迁移率 mobility

缺陷态密度 defect state density

R

染料敏化太阳电池 dye-sensitized solar cell

热电离发射 thermionic emission

热丝化学气相沉积 hot filament chemical vapor deposition

溶胶-凝胶法 sol-gel method

溶液合成 solution synthesis

S

受体 acceptor

深能级缺陷 deep energy level defect

扫描电子显微镜 scanning electron microscopy

水热法合成 hydrothermal synthesis

声化学合成 sonochemical synthesis

生物传感器 biosensor

T

太阳电池 solar cell

填充因子 filling factor

态密度 state density

透明电极 transparent conductor

W

微电子技术 microelectronic technology

微晶硅薄膜太阳电池 Microcrystalline silicon film solar cell

外量子效率 external quantum efficiency

无标记探测 label-free detection

X

吸收系数 absorption coefficient

吸收损耗 absorption loss

肖特基结 Schottky junction

肖特基二极管 Schottky diode

肖特基势垒 Schottky barrier

新概念太阳电池	new concept solar cell
新能源	new energy source
选区电子衍射	selective area electron diffraction

Y

异质结太阳电池	heterojunction solar cell
原子力显微镜	atomic force microscopy
氧化物辅助生长	oxide assistant growth
亚阈值斜率	subthreshold slope

Z

转换效率	conversion efficiency
直接带隙	direct band gap
注入电流	injection current
自组织生长	self-assembling growth
载流子复合	carrier recombination
载流子寿命	carrier lifetime
载流子跃迁	carrier transition
载流子收集	carrier collection
载流子密度	carrier density
折射率	refractive index
噪声特性	noise characteristic
转移特性	transfer characteristic
真空蒸发	vacuum evaporation